认知差

凌发明◎著

台海出版社

图书在版编目（CIP）数据

认知差 / 凌发明著. -- 北京 ：台海出版社，2024.
9. -- ISBN 978-7-5168-3992-8
Ⅰ . B842.1-49
中国国家版本馆 CIP 数据核字第 20245B73Z1 号

认知差

著　　者：凌发明

责任编辑：王　艳　　　　　　　　　　封面设计：回归线视觉传达

出版发行：台海出版社

地　　址：北京市东城区景山东街 20 号　　　邮政编码：100009

电　　话：010-64041652（发行，邮购）

传　　真：010-84045799（总编室）

网　　址：www.taimeng.org.cn/thcbs/default.htm

E - m a i l：thcbs@126.com

经　　销：全国各地新华书店

印　　刷：香河县宏润印刷有限公司

本书如有破损、缺页、装订错误，请与本社联系调换

开　　本：710 毫米 × 1000 毫米　　　　1/16

字　　数：160 千字　　　　　　　　　印　　张：11.75

版　　次：2024 年 9 月第 1 版　　　　　印　　次：2024 年 9 月第 1 次印刷

书　　号：ISBN 978-7-5168-3992-8

定　　价：68.00 元

自序

写完这本书的时候，正值初春的黄昏，夕阳西下，云朵还没有沉到月色里。我终于长吁了口气，回想整个写作的历程，中间有欢喜，也有叹息，经历的人和事，就如放电影般划过脑海，也让我在奋起的写作过程中，经历了一场认知差的特殊洗礼。

其实在我看来，人与人之间的差别，理性上并不悬殊，悬殊的很可能就是别人看到的，你没看到，别人去做的，你没有做，别人思考了，你没去思考，别人推进了，而你还在原地踏步。

多少人经历了生活的浸泡、职场的洗礼，最终磨掉了自己的棱角，随后便带着一脸混沌的表情对自己说："这辈子也就这样了。"而有人却从来没有放弃过自己的追求，始终都在自己的认知世界耕耘，总是以全新的角度打量世界，以与众不同的格局进行生活。

当你习惯了和损友喝酒，在抖音沉溺，习惯了与游戏相伴，在熟睡中欢歌时，就忘记了世界上还有这么一批人，过着你想过的生活，看着你想看的世界，却比你现在还要用心，还要努力。他们的努力是精准的，所以过不了多久就能收获回报。他们的投入是经过精心谋划的，以至于你被远远抛在后面的时候，人家已经成长为上司眼中闪亮的新星。他们的规划是有步骤的，当你在那里"躺平摆烂"的时候，人家已经一步步地在靠近成功了。这跟命运无关，而是你自己在认知和选择上出现了问题。

有些人的蓝图走到一半就终止了，有些人却用自己敏锐的触觉将梦想经营了一辈子。有些人天生就知道自己该干什么，有些人天天都不知道自己想做什么。有些人看起来很努力，到最后连吃饭的钱都快没有了；有些人看似只是信手拈来地学了点东西，没多久就变成领域的业内精英。说到这儿，你可能会不服，可能会生气。我当然不是来惹你生气的，而是要用这本书告诉你，究竟问题出在哪里。

正所谓授人以鱼不如授人以渔，之所以生活中这么多问题没解决，主要原因就在于你没有找到解决的方法。这本书，有案例，有真相，有分析，有方法，一路读下去，你肯定可以从中看到那个似曾相识的自己，随后就可以将思路对接角色，看看完成了这遭思想的颠覆，在后续的行动和结果上会不会有不同。

每个人都是需要进阶成长的，每个人都是需要名师指路的，而书是影响人一生最廉价的消费品，我将我的知识精髓留在这里，用每一张纸和你促膝谈心。我把我人生的经验交给你，带着你还原那些不堪的过往，一步一步地攻克生活的难题。人生最得意的事莫过于做对的事，再把事情做对，希望这本书会成为你行动路上惊喜的遇见，帮你重建认知，与你共赴行程。

2024.4.8 于北京

目 录

1

认知觉醒篇

心理建设篇

升维思考篇

第一章

全局思维：
地图错了，走到哪儿都是荒岛

关于这个世界上最大的"谎言"

"只要功夫深，铁杵磨成针，所以工作嘛，就是要干一行爱一行，只要不断努力磨炼，是一定会干出成绩来的。"这句话听起来是不是很熟悉呢？确实听起来很对，一切都看似是为你好，但为什么若干年以后，别人已经身价百万，你却灰溜溜地寒酸下岗了呢？

不可否认，你很努力，对自己的工作尽职尽责，看起来不是你的错，错就错在你相信了"努力就能成功"这个谎言，然后一辈子将这个相信坚持到底。这世界上努力的人很多，放眼望去茫茫人海每个人都活得很辛苦。卖煎饼的大姐练就了一手摊煎饼的好手艺，平均一分钟摊一个煎饼，来买的人络绎不绝，最终赚的钱也超不过万把块。送快递的小哥很努力，摩托车骑得飞快，但再努力也不过是个优秀员工。格子间里有多少 985 名校毕业的高材生，每天工作兢兢业业，结果说开就开了，原因很简单，人家买的是你的时间，不适合了永远有更好的。

别觉得人生这辈子有什么不公平，你的差距没差在智商上，也没差在个头上，就差在了认知上。想想吧，如果一份工作随时可以被机器代替，人家用机器更省钱又凭什么用你？如果一个领域有一天终将消失，你在这个领域深耕一万小时又有什么意义？如果眼前的世界永远只有这么一点点，再大的海阔天空跟你也不过是一声"路过"。

这个世界从来不是单以努力划分的，所谓的岗位不过是时代更迭中，起起落落的需求罢了，需要什么，就把人培养成什么，新需求下总会有人前赴后继。社会就是这么现实，从来不会惯着没有脑子的人。如果你想胜出，想在生存场上活得久一点再久一点，除了努力之外，还要带着脑子和眼睛生活，你需要建立自己的阵地，需要在见识现实淋漓的鲜血后，培养更高维次的认知判断。如若从未居高临下，就难识成败真面目，若是从未精心谋划，机会又凭什么看上你。

世界总有一些人，用悠然的姿态，成了多少人想成为的那类人，过着别人想都不敢想的生活。他们很努力，比世间正在努力的人还努力，而且他们的努力永远都在点上，降维打击生活中所有的挑战和难题。当所有人都在迷茫生活的时候，他们却好似掐准了机遇的神算子，在所有人盲目投入的时候不动声色，在别人失落离开的时候大刀阔斧。他们是别人仰视的星，他们永远谈吐不俗，尽显洒脱，自信一切都是自己值得拥有的。

说到了这里，不知此时的你是否幡然醒悟，看看自己在生活的旅途中，究竟缺了哪些课？为什么人云亦云，为什么做着一份不适合自己的工作，为什么会握着企业劝退书黯然神伤？如果这些话，能让你惊出一身冷汗，那就把眼光再放长远一点吧，让自己的行动更精准些吧，因为唯有如此，机会才有理由，在这么多人努力的浪潮中，有选择地看上你。

洞察内在需求，这才是真正的自我升级

"我爸爸说，如果我考上律师就完成了他一生的夙愿。""家里人说干销售来钱多，所以就先干着呗！""尽管我觉得这份工作做着很痛苦，但是所有人都说我应该继续坚持"……生活中，我们是否总是重复着这样的挣扎！

我就有这样一个朋友，已经升到了距 CEO 一步之遥的位置，但每天开会对着报表就头疼，时间长了，身心就陷入了极度的痛苦和抑郁，眼看着薪资翻了好几番，孩子老婆都为此而憧憬满满，他真的不好意思对他们说："其实我不想干这个。"于是又撑了很久，最终还是在貌似一片美好的发展前景下，彻底崩溃了。"我觉得自己的

世界一片黑暗，自己就是金钱的奴隶、赚钱的机器，每天除了报表报表，就是内在声嘶力竭的咆哮和痛苦，我知道我不应该轻言放弃，我知道我不应该在挑战面前成为懦夫，我知道我应该给妻子孩子提供美好的生活，我知道我应该……"我一边听一边看着一个大男人眼圈就那么红了，哭得好像一个受气的孩子。

"那你喜欢什么？"我下意识地问了一句。"我喜欢描绘图纸的感觉，你知道当初我是高级建筑设计师，每天都和自己喜欢的图纸打交道，那感觉实在是太美好了。""那就顺应自己的内在需求，调整一下自己工作的方向。""哪有那么容易？"他摇着头说，"放弃，可就赚不到这么多钱了。""事在人为，人生很长，你总不能永远跟痛苦打交道吧！"我拍拍他的肩膀说，"老哥，这世界上总有一条路是最适合自己的，跳不出思维的局限，你就永远看不到它。"

三个月以后，我接到了他的电话："我跟家人说了，也跟老板说了，他们都允许我调岗，现在我成了企业的建筑工程总设计师，薪资比以前只少了一点点，但如你所说，再也不用跟痛苦打交道了。"

曾经有一位演艺界人士感慨地说："这个世界上，并不是所有人都能躺在自己喜欢的床上，做自己喜欢的梦。"或许原因就在于我们的眼睛总在看着别人，并把别人口中的"你应该"活成了自己的生活。你把别人的意愿完成得再好，也只是为别人服务罢了。

那么怎样才不至于过上如此悲惨的人生呢？其实方法也很简单！

把一切写出来，把你的恐惧焦虑写出来，再在后面多问上一句："那又怎样？"

如果我再这样坚持，就会成为整个团队最不受欢迎的人。（那又怎样？）

如果我不去讨好，他就会不爱我了。（那又怎样？）

如果没有选择这个行业，父母会失望！（那又怎样？）

如果我不主动付账，别人就会觉得我小气！（那又怎么样？）

如果我这笔钱拿出去，家庭生活暂时会下降一个级别？（那又怎样？）

问完这些问题以后，看看哪些问题是自己真正在意的，哪些是不符合自己内在需求的，什么样的担心是在迎合别人的，而这些需要，又有多少对自己是必要的，又有多少是可以当作浮云不加理会的。随后走出积极主动的一步，问问自己："我该有一个怎样的开始？"

除非你敢于正视自己的内在需求，否则别指望别人能把你雕刻得多好。人生有成千上万种活法，所谓的"开挂"，晋级，往往都是从透彻了解自己的价值和需要开始的。如果你现在对人生深感迷茫，那就不如拿出三分钟问问自己，那些别人眼中的需求究竟有多重要？与之相比，你深埋在心里对生活的追求，就真那么卑微，真的那么不值一提吗？

人生是个产品，需要一个强大的系统

　　人生有限，人人都想由点成面，利用矩阵活成风光无限的人物。但倘若你始终没有完善好自己这个产品，即便面对再好的机会，再好的前景，一切也都是枉然。世界的市场很大，有的人摆在精品的货架上，有的人摆在菜场的地摊上，有人站在金字塔顶尖上，有人被踢到垃圾桶都不愿意装的边缘，主要差别就看你是如何优化产品需求，如何运作产品功能，怎样实现营销推广，如何将品牌文化做到极致的。人生看似是一个七日接着又一个七日，但它和我们身体的循环体系一样，有着属于自己的系统。你不优化调试它，系统就会陷入僵硬和老化；你不反复地实验它和强劲它，骨骼就不可能生长，实力就不可能进阶。

　　那么怎样才能把自己打造成一个一流的产品呢？其实流程跟运作一个企业没有什么差别。首先，你需要建立自己的个人文化，再将这种个人文化融入个人这个产品中去，这其中，定位就显得尤为重要。比如：我要成为怎样一个人，具有怎样一种待人接物的感觉和性格，我应该秉持着怎样的三观？应该用怎样的个性和幽默感去面对他人？……当你对自己有一个真切的勾勒和描绘时，整个产品就会被慢慢地注入灵魂，成为一个具有个人文化特质的鲜明存在。

其次，就是有效率地应对时代需求。有需求的地方才有市场，产品是要被别人需要的。所以在优化产品之初，你就需要为自己锁定最适合自己的群体。随后结合定位，你才能看到自己的优势所在、短板所在，哪些是可以后天努力的，哪些是需要果断放弃的。有了对自己精准客观的认识，你才会知道下一步该怎么走。

第三，就是优化自身的竞争力。同样的产品，功能、水平都差不多，别人为什么选你？是你比别人果断精明，还是你比他人老实本分，还是你觉得你在行动力、执行力、领导力上有与众不同的地方？了解了这些，你便可以通过进一步的学习为自己充电。未来三年，世界会变，行业也会变，那么你又应该给自己做哪些准备呢？这一步步推演、完善、学习下来，从内部设计上就进一步地提升了自己的市场竞争力，突显了自己与别人之间的实力优势，赢得了更多胜出的机会。

第四，就是广告营销。打造好自己的营销体系尤为重要，小到如何优化一份富有竞争力的简历，如何将自己的处女作精化到足够能够打动消费者；大到如何让自己一鸣惊人地宣传成"爆品"，如何以一己之力带动时代、引爆流行，如何以个人 IP 打造新领域的消费蓝海。人生有限，好在可以创造的内容无限，你可以提升它的高度，也可以拓宽它的宽度，在这部人生的剧本里，每一天上演的内容都是由你自己说了算的，究竟想成为什么样子，活出怎样的感觉，也是由你自己说了算的。人们常说，打仗要有格局，打枪要瞄准靶心，如果现在还不知道自己这个产品该怎么运营，不如就挑个时间给自己的系统好好优化一下，让所有的闭环环环相扣，把每一步该做的事情想清楚，或许有一天你也能惊喜地发现，想要个"开挂"的人生，其实也没那么难！

第二章

拉高维次：
站在制高点，俯瞰你的过去、
现在和未来

今天是你余生最年轻的一天

"人生真的没几个十年，不知道怎么就这么大了，感觉一天天过得飞快，一睁眼一闭眼就是一天……"一个朋友感慨地说："我现在经常到晚上就舍不得闭上眼睛，怕眼睛一闭就没明天了……"这话当然是笑话，但是很多人都在因时光的逝去而伤感，总觉得很多人都没来得及认真对待，很多事情已经成了回不去的遗憾，而时间还在匆匆地向前，于是莫名地就生出了恐惧，究竟该如何过好生命的每一天，究竟如何才能让自己的分分秒秒都不后悔。

心理学家说，人最幸福的状态，就是专注的状态，在这个状态中，没有时间的概念，没有利益的要求，仅仅是很愉悦专注地去做一件事，不计成本，不计成果，也就产生了无限的喜悦。

经常会听到："我没多少时间了。""再不做我就老了。"……每当听到这些的时候，我总要先给自己来个深呼吸，适度地擦擦汗，心中默念："别那么紧张，说得好像过几天就是世界末日了。"

不管你接受还是不接受，太阳升起的当天，永远是你之后人生中最年轻的一天，这一天该怎么过，完全由你自己定义。人生不必较真，珍惜好当下，可能比什么都现实，也比什么都有价值。

曾经有一个朋友，心里想做的事情很多，目标很多，每天努力耕耘，还总觉得时间不够用，于是他的人生始终都在的焦虑中轮转，时间长了，他就觉得自己欠下的债务越积越多，每次想起来就头好痛，晚上躺在床上辗转反侧地失眠。

我记得他找到我的时候，状态特别差，一米八的大个子，顶着两只熊猫眼。他对我说："我实在坚持不下去了，难不成人生就这样废了吗？""可能是因为你太'卷'了，'卷'到自己都觉得要废了。"我低着头喃喃自语。"那怎么办呢？心里就是有好多的事儿、好多的想法，一天不做完，就是一天的遗憾。""那你别把你的人生分成什么过去、现在、未来，也别再说什么昨天、今天、明天。"我抬起头对他说，"时间是个概念，概念可以简化，你就把人生当成两天过好了。""两天？你就会开玩笑。"看着他愤怒咆哮的样子，我定了定神说："回家把你所有的想法都写出来。然后每天安排一件事，当天把这件事做到尽善尽美。把所有的事情一件一件地做下去，你看看效率会不会提高？"

于是，他真的回去开始实验，每天安排一件事，第二天做另外一件事，大概一个星期，他打电话告诉我："你还别说，我能睡着了。""是吧，这才是对待自己正确的态度嘛！你老这么拧巴，到时候青丝变白发，难不成要这样无意义地到老？""嗯，现在确实比以前轻松多了。所以我把你的话记了下来，人生只有两天，哪天也不至于后悔。"

每到上下班高峰的时候，我都会站在高层的落地窗前，静静地凝视街上车水马龙的景象，这个世界上有很多人在拼搏，但并不是所有人都能做到无愧每一天；这个世界上每天都有白天和黑夜，却不知道承载了多少人的迷茫和后悔。所有人都会面对老去，若是此时此刻还在伤感昨天，那崭新的一天又该怎么开始呢？所以，人生若不想有那么多后悔，不如就调试得更简单些吧，把每一天当成余生最年轻的一天，过去做得好不好，已经跟现在的自己没有关系。与其为追不回的事情后悔，不如把握当下分分秒秒。

"正在变化的"和"永恒不变的"

"这个世界上唯一不变的就是变化，左变右变的，不知道装进去了多少人。"一个朋友一边品茶一边抱怨地说，"做生意做得好好的，结果被一个跟自己八竿子打不着的行业给灭了，要以前这事儿你想得到吗？这时代真是越看越不明白了。""那是因为你没有一双觉察的眼睛。"我摇摇头抿了一口茶说，"别人提前看见了危险和机遇，你没看见，拖了后腿，那不就干等着被淘汰吗？"

在我看来，永恒的东西之所以能永恒，在于它始终都是自由的，从来不被任何东西束缚。很多人被变化折腾得心惊胆战，心理落差就好像起伏高低的股票，别人投自己也投，别人撤自己也撤，结果别人赚钱了自己没有，日子一长，时间成本投干了，财富资本耗尽了，体能资本缩水了！对不起，愿不愿意您都得下岗了。

于是很多人就心理不平衡，我这么努力，我这么拼搏，我这么有才华，为什么就拼不过别人。原因很简单，人家的经验，始终都是通过觉察的眼睛获得的，您的经验，始终都是闭着眼睛的投入，因为没有睁开眼睛，你不知道今天眼前的一个小迹象，能给未来带来怎样的影响和效应，你不知道当下应该配合怎样的思想和行动。你不知道今天的一个政策，将给未来的一二十年造成怎样的影响，不知道该怎么从中寻找自己的财运和机会。你今天对别人说的信息充耳不闻，说不定没几天手里的股票和资本就贬到一文不值了。这是别人的错吗？还是你没有睁开那双观察的眼睛。

这个世界所有的东西都在发生着变化，但有人说得好："当有一天所有人都在因为同一件事面露难色的时候，你看见了，抓住了，说不定就是机遇。当所有人都在为同一种欲望无法满足而痛苦的时候，这个痛苦，就可能是你创造红利的资本。"那些立志每天为不疼不痒的事情奋斗终身的人，人生中绝对不缺少对手。如果你攻克了多少人头痛的难题，那你就是别人眼中不可或缺的宝藏啊！不疼不痒的事情，谁都能做，令人头痛的问题，可不是说搞定就能搞定的，如若是你在这方面开发创意，不断升级，让对方用了就舒服，舒服了就离不开，那你的品牌效应、你的市场容量、你的粉丝群体，不就都成就了吗？巴菲特说："要在别人贪婪的时候恐惧，要在别人恐惧的时候贪婪。"在我看来还要多上一句："要在别人痛苦的时候看向机遇，要在别人都看到机遇的时候挖掘痛苦。"

放眼望去，这个世界上所有的胜局都是坐拥了时代的痛楚红利，哪里有痛苦，哪里就有需要，痛苦永远是时代浪潮中永恒不变的需求，需求无限，机遇就无限，而唯一能够抓住它的就是那双不断觉察机遇的眼睛。时代的变化始终都在因人们的痛苦和解决痛苦的方式、要求发生变化，而永恒不变的成功策略，就是将痛苦提炼浓缩，精准运营，变为自己最为主打的核心"爆品"，那么痛苦就会是你人生中最好的陪伴，也会成为你整个生命旅程中永恒不变的财源。

所以，什么是正在变化的？什么是永恒不变的？不用问别人，问问你的眼睛，问问你的痛苦。在决定擦亮眼睛的时刻，在带着觉察审视痛苦的时分，当你带着不同的视角，重新打量世间一切的时候，就会发现，原来宝藏就在那里，只不过在此之前，自己始终都对它视而不见。

学历很重要，学习力更重要

　　我有这样一个朋友，从小念书就特别用功，我们在大学里认识，他每天上自习都很积极，说是自己正在攻读一所高等学府的博士学位，本想着一年半载也就完事儿了，没承想这位仁兄攻读了一年又一年，我问他："是什么力量支撑着你非做不可？"他想了想意味深长地说："考下来博士，就可以进入研究院工作。""你很喜欢研究工作吗？"我问道。"也不是，就是想给自己多年的努力画上一个完美的句号。""那进了研究院工资是多少？""大概五千吧！"虽然当时的我涉世不深，但听到这个消息还是惊住了。"五千？等你把这么多年的学费赚回来，估计就要光荣退休了吧。""你说话怎么那么难听啊？"对方一边鄙夷地看着我，一边搓动着手指说："人各有志，你不能这么贬低我的理想。"结果若干年过去，他也如愿以偿地进入了研究院，一进去才发现，那里的博士一大把，工资都是五千，而且据过来人的经验，很多人耗到退休，工资也没怎么涨过。

　　这件事让年纪轻轻的我震动，也很感慨。经历了一番起伏跌宕的人生后，我惊讶地发现，其实世界上的人怎么成功的都有。最典型的一个例子，就是一老哥，三十多岁就走到企业总裁的位置，他起初就是个高中生，因为工作需要，考了个自考学士学位，又从自考学士学位，考了在职硕士研究生，眼看着事业有成了，终因难舍做学生的情怀，又读了个在职博士。这么多年以来，他一直都在学习，但从来都不是脱产学习，他一边在自己的行业中打拼，一边针对自己的行业需求，优化自身，这样两条路走下来，似乎比同龄人节省了更多的时间成本。很多人博士念完已经接近三十，而他三十岁已经是一家企业最年轻的副总裁了。

我惊讶地发现，那些念书时赢在起跑线上的人，未必就是笑到最后的赢家。主要原因在于，他们没有锻炼好自己终身学习的能力，也没有把学习当成是延续自己一生的事业。他们本来百米冲刺一样地跑到了前面，终究因为职业选择不当，结婚生子，或是耽于对生活的享受停滞不前了。而这时候总有一些人正带着饱满的热情继续奔跑，尽管起初可能倒数，却在社会和书籍的磨炼中，一步步地跑到了机遇能看到自己的地方。因为格局打开了，看到的世界不同了，眼界就发生了天翻地覆的变化，当年最不好好学习的那个，很可能是整个班级里最知道自己该干什么的人，当初那个谁都看不起的差生，说不定在别人把书本都放下的时候，他每天都在兢兢业业地学习自己感兴趣的知识。所以我们说，起跑线未必能改变一个人的未来，但学习力却可以颠覆一个人全部的人生。

那么学习力在哪儿呢？在你看电视还是看书的选择上，在你玩游戏还是学技能的差异上，在你刷小红书还是学本事的分秒间，在你喝酒还是思考的光阴里。这个世界上没有任何知识，是你在付出时间和努力后不能解决的。关键在于，你愿意为它投入多少，愿不愿意为它而投入。当你爱一个行业时，当你专注于一个领域时，就要恭喜你了，学习力带给你的礼物正在以自己的方式向你靠近，带着好运的生活从今天起，就要正式开始了。

一场关于认知差和时间差的游戏

这个世界上从来都不缺乏灵感，缺乏的是带着敏锐认知，把握时间差，将一切付诸行动的人。好点子几乎分分秒秒都可能出现在我们每个人的思绪里，只可惜有人只把它当成了妄想，有人一边看表一边说自己没有时间，还有人干脆把它抛给别人，全身心地投入一场毫无意义的游戏，唯有少数人，将它牢牢地抓在手里，相信它的力量，并在不断提升自己智慧的同时，将心中所想坚持到底。

有些时候忍不住问自己，时间到底是一个什么东西，有些人说它是一个概念，有些人说它是一种存在，它记录着每个人起点到终点的光阴。看起来，时间再寻常不过，可是有人却在一小时中做出了别人五个小时都难完成的事，有人却因各种无意义的事蹉跎了自己的一生。究其原因，除了在时间管理上的差异，更重要的是，是否有效率地缩短了自己与时代之间的认知差距。

举个例子来说，现在很多老板都希望自己的员工特别勤劳，可问题是这种忙碌是不是真的有必要，这种忙碌又创造了多少有意义的价值？曾经有一个老雇员坦诚地说，因为老板喜欢看别人忙碌的身影，为了彰显出自己忙碌的样子，他每次都是将非常简单的事情复杂化，然后再在自己制造的复杂工作网络中飞快地跑来跑去，看上去虽然很忙碌，其实解决的不过就是一点小事。

在我看来，真正善于利用时间的人，多半都是不愿意过分忙碌的。在他们的世界里，能够用工具解决的问题，就不用体力解决，能够以创造力解决的，就不会在重复中痛苦，能够外包的就不亲自动手；但凡要亲自动手的，也一定要以最快的速度，最有效率的方式，多快好省地解决问题。

现在很多的发明创造都是秉持着这个原则，谁掌握了更好的工具，谁就可以更快捷地完成别人几个小时，甚至几天才能完成的工作量，谁能够发明出解决问题的产品，就可以在带动消费的同时，推动时代进步。

　　举个简单的例子，曾经有一个上了年纪的朋友，很惊讶地告诉我："你知道吗，我们部门前段时间来了个小伙子，一开始老板觉得他特别没上进心，一天到晚坐在办公室里玩电脑，所以就派给他很多活儿，结果呢，一两个小时以后，他又开始坐在那儿玩起来。于是老板就问他工作完成了没有，他点点头说：'干完啦！'当时我们都觉得不可思议，这么多活儿我们得干一个星期，他两小时就干完了。于是老板便检查了他的工作情况，没想到结果出人意料的好。当时我们就纳闷了，问他怎么干的，他想了想说：'多简单啊，不就是用好几个办公软件吗，这点事儿三下五除二就干完啦。'于是老板又派给他更多的工作，没想到人家就比以前多了半小时就完成了。最后整个公司的人都对他心服口服。现在的年轻人真的了不得哦。"

　　每个人的人生，似乎都在进行着一场认知差和时间差的游戏，我们需要的不是按照旧有的模式忙碌和重复，而是要快速地找到解决问题更好的方式和方法，在摒弃忙碌和无意义劳动的同时，最大限度地解放双手，去做一些我们自己想做、喜欢做，更需要做的事情。这时可能就会发现，世间的懒惰，可能才是前进的动力。

为了那些"被讨厌的勇气"

前段时间有个年轻人哭着跟我倾诉："刚到一家好公司，想着要跟身边的同事搞好关系，自己也要好好表现，所以就特别勤快，结果整个办公室所有的卫生都成了我的事儿，每天早上要拿着几十杯的咖啡给同事'带货'，自己工作到一半就经常会被人打断，不是要求帮他们做这个，就是帮他们做那个，眼看到了下班的时间，所有人都走了，唯有我还要奋战到深夜。这样过了三个月，老板对我的表现一点都不满意，他觉得我效率很低，并没有发挥出应有的能力，所以一次次的升职机会都与我无关，我这么努力，难道就只能是个小职员吗？"

我听后就问他："你是觉得自己很委屈吗？""当然，我这么努力……""停！"我严肃地对他说，"办公室打扫卫生的不是有保洁吗，你插一杠子干吗，那是人家的本职工作。打印文件是你的事儿吗？要处理文件的又不是你。送咖啡的一定得是你吗？谁想喝谁去买。你该处理的工作没处理好，却做了一堆不属于你本职工作的内容，你觉得这样大家都会喜欢你，可是即便你不做，即便他们最后都因这些事不喜欢你，如果你本职工作做得很好，老板也会给你升职加薪。"

他听了以后沉默许久，我看了他一眼继续说："同事若是想要免费支配你，而说自己喜欢你，那这种喜欢不要也罢；若是因为你没有帮忙就讨厌你，从而节省了你的时间，说不定也是一种收获。人不管在哪儿，都要把自己的事儿先做好，唯有把自己该做的事、想做的事、要做的事一步步地做到位，你的人生才能真正意义上得到改善。所以，别觉得你的工作没自由，也别觉得是别人在欺负你，是你自己没有运用好'被讨厌的勇气'。"

我有一个朋友，刚入职的时候也遇到了同样的事情，别人动不动就过来说："哎，帮我打印一下文件好吗？"结果她只是轻描淡写地说："没时间，忙着呢。"一开始大家都相当不高兴，觉得这人实在各色，可她把自己的工作做得很出色，以至于老板每次抽查，她的工作永远都非常流畅、无可挑剔，所有的PPT都思路清晰，所有的策划案都富有竞争力。因为前期做好了充分的准备，每次会议上她都可以侃侃而谈、字字珠玑。于是入职不到一年就提升为主管，两年升为部门经理。很多人说这人会不会升职升得太快了，可老板却说："她能搞定的事情，一般人搞不定，不论从能力、效率，还是从工作态度、行动认知上，我觉得她是当仁不让的。所以，每次企业遇到难啃的骨头，她都是我脑中的不二人选。"

曾经有个企业老总跟我谈及用人的问题，他告诉我："说到用人，我有些时候更喜欢那些不害怕被别人讨厌的人。研发上，那叫不耻下问；做事上，那叫毫无余地。如果一个人总是那么好说话，总是愿意将就别人，公司早晚有一天会被将就没了。企业可以是学校，但绝对不是慈善机构，一切都是要讲利润的。如果你任用的是一个慈眉善目却没有决断能力的人，那不是企业被他累死，就是我这个老总要被他累死。相比之下，我宁愿在一些特殊位置，安排既干练又难搞的对象，正是因为他们的存在，我的时间成本才能有效地节省下来。尽管看起来，他们的职业形象不和善，但唯有如此，我才能被解放出来，才能站在更高的位置主抓全局。这就是解决问题最好的方法，因为不害怕被憎恶和被讨厌，他们才得以更好地发展自身的潜力，才能在助力企业成长发展的同时，让我将更多的时间和精力投入到最重要、最有意义的决策中去。"

人生有些时候，就是在左右与被左右中徘徊，而一个真正自由的人，从来都不会把别人的喜欢和讨厌放在眼里。他们把专注力放在那些自己觉得必要做、喜欢做的事情上。也正是因为摒弃了外界的干扰，不再把他人的言论作为自己行动的纲领，他们才会在自己的事业和生活上，发挥出前所未有的创造力，任天塌地陷、电闪雷鸣，我依然稳坐钓鱼台，面不改色，这是成功者的重要特质，也是我们每一个职场人必不可少的一项自我修炼。

第三章

精准评估：
发现独一无二的价值，有远见的人
跟你想的不一样

最有价值的活法：以修行的态度经营人生

就生死而言，每个人的起点和终点都是一样的，只是有些人的故事过于平淡，而有些人却在历经波澜之后，开启了与众不同的精彩。茫茫人海，偌大的城市、喧闹的人流，人们每天在奔波中寻觅着属于自己的机会。所有人都希望自己的人生更美好，也希望自己的故事足够精彩，只是每到夜深人静，拖着疲累的身躯回到家，总觉得内心中少了一份踏实和安宁。我们渴望拥有自己的价值，但辛苦劳碌过后却发现，除了每月到账的薪水外，能证明自己价值的寥寥无几。

曾经有人问我："老师，人生的意义是什么？生命又应该以怎样的方式经营？"我想很多人都曾思考过这个问题，只是当各种想法伴随着情绪冲向大脑时，身心的疲惫感随之而来，便一次又一次地倾向于放弃。于是，有人开始下意识地接受现实，宽慰自己平平淡淡才是真。而有人则不断地调整思维，将那些有建设意义的想法记录下来。他们将这些灵光乍现的点子进行重组拼接，人生翻开了崭新的一页，他们彻底告别过去的自己，开启了全新的人生。

在我看来，生命最有价值的活法，应该是以修行的态度经营人生。顺利时乘势而起，逆境时处变不惊。人生诸般的呈现，皆因心性的改变归入平静。不再为满意或不满意纠结，不再为他人赋予的不公而抱怨；不因一时的顺境而得意，亦不会在失败的低谷中放弃自己。上天赋予人双手的正反两面，而中间的夹层却最为稳定。若是以手心、手背代表顺逆的两极，那么中间的夹层便是恒长的平静与安宁。

当所有的波澜都不再能动摇一个人的内心时，强大的专注力，便会以最自然平和的状态化作生命真实的力量，源源不断地爆发出鲜活的创造力。我们会看向事物的本质，会在不受干扰的凝视间直击问题的核心。我们不会因为他人的举动而动摇自我，也不会因外界的呈现而自行怀疑。这或许就是人生的"自性"使然，将思想融入创造，将创造付诸行动，以行动强化信念，以信念归正情绪。这时你会发现，每一件当下在做的事都是最好的事，一切事物都在分秒间发生变化，唯一不变的就是它们始终在围绕你的心运转，要么因你的心而改变，要么在改变着你的心。

而此时的自己，只需以释然的心，宁静地观察一切。用喜悦的创意镌刻自己，生命所有的呈现，都仅仅是为了让自己更好。最负责任的活法，就是在万变的征途中，以修行的态度经营生命。抛开种种的无用思绪，才有更多空旷的空间填充美好。放下无意的纠缠，才有更多的时间欣赏自己。届时，你的人生会因心性的改变发生认知的逆转，而人与人生活境界的差异，也就在这里显现。

一段关系，一个场景，一个问题

"老师，人究竟该怎么经营一段关系？"曾经有一个学生迫切地问我，"为什么我的女朋友都不愿意理我了？""那是你没有把所要解决的问题融入场景里。""场景，什么场景？"他听了一边鼻子冒汗一边问道。"什么事儿，都得讲一个氛围，难不成你求婚的时候，要选在菜市场吗？道理就这么简单，想经营好一段关系、解决一个问题，环境和场合也是很重要的。"

其实我们生活中的很多关系都是这样，在适当的场合说最适当的话是很有必要的。若是场景不对，至少也要尝试着创造出一个合适的场景，这样别人才更愿意接受你的观点，这就是场景对情绪的影响。

举个最简单的例子，有一个重要的客户，你想约他，但是人家总是很忙，每天都抽不出时间来，倘若你就这么堂而皇之地闯进人家的办公室，恐怕会被秘书轰出来，但是如果你能先与门口的秘书拉拉家常，交流下感情，适时地请他给里面那位递一张纸条，还是完全可以做到的。纸条上画上一个小笑脸，随后写上一句："忙了一天一定很累了，想请您给我十五分钟一起喝个下午茶，咖啡还是茶由您挑选。"落款加上自己的名片，说不定就能成功了。

再比如，跟老婆吵架了，想要和好，如果你拿着几朵快蔫儿了的玫瑰花回家，老婆看了肯定懒得理你。但是你要是认真经营一番呢，私人订制一个"一心一意"，此玫瑰一生只送一人；然后再设计一顿浪漫的烛光晚餐，即便是不说那句对不起，想必媳妇也已经心软了。同样是玫瑰，场景变了，结局也就跟着变了。由此看来，有些人办事儿成功率比别人高，场景的力量不可小视。

在我们有限的人生中，很多事情成功的概率，都是我们在做足场景准备以后提高的，小到约一个人，大到成就一番事业，没有场景的营造，光有想法，多半是难以成功的。

所以，当生命中的一段关系，成了一个有待解决的问题时，你就要好好地规划一下，什么样的场景能够最大限度地实现自己的目标。而人与人之间的关系，往往就是在一个个合适的场景下，拉进了关系，优化了感情，促成了信任，成了知己。

如果你想成为对方内心珍重的人，就请从现在开始，用心经营好你们的关系，在美好的场景中，缓解彼此的焦虑，这样对方提起你的名字时，脸上才会露出微笑，一副幸福的灿烂表情！

你就是自己最好的设计师

我曾经有个学生，性格内敛又害羞，很少与他人分享，也很少放松地展现自己。直到有一天，他很难过地找到我说："老师，我实在受不了我自己了。""怎么了？"看着他一脸委屈的样子，我的心也跟着紧张起来。"我每次都那么懦弱。"他流着泪说，"明明在社交场合看到了很想交流的对象，自己的腿却在发抖，根本迈不开步。也许我就不应该拥有这样的机会……"

"有可能是你的自我模式出了问题，你的不自信开启了自我防御模式。""那怎么办？"他焦虑地说，"总不能老这样啊？""你真想改变吗？"我看着他的眼睛问道。"想，要是再这样下去我就废了！""那就去改变你现在的人生模式，让自己变得积极勇敢起来。"

我给他开具了一个"药方"："人最难突破的是自己，为了明天更好的自己，我要冲、冲、冲！从明天开始，只要到了地铁站，你就在人群里大声地朗诵这字条，不管多少人看你，用什么样的表情看你，你都要把字条里的话当众读完。"他一听脸瞬间惨白，

"这……这合适吗？""你不是想改变吗？"我推了推眼镜说，"想改变就照我说的做。"

于是第二天，上班高峰的时候，在地铁站，面对着人山人海，他颤抖地拿出字条，但根本不知道怎么开口。于是干脆闭上眼睛，说道："人最难突破的是自己……"三个"冲"喊完，鼓了半天勇气睁开眼睛，他发现身边偶尔有一两个人奇怪地看看他，大多数人就好像什么也没发生一样。随后他将自己的"战绩"微信给我，我看了回复说："不是没什么大不了吗？有什么好怕的，下班的时候再来。"就这样，坚持了一个星期以后，他说他不害怕了，跟别人说话的时候腿也不软了。

随后我给他留下了第二个作业："不管什么样的场合，不管你想没想好说什么，只要有说话机会，就第一个冲上去，冲上去以后再去考虑下一步。""啊！那冷场了不好吧！"他喃喃地说。"想改变，就赶紧行动。"于是他再一次听从我的安排，不管什么发言，都第一个举手，不管什么舞台都率先冲到前面，刚开始的时候确实不太自然，但时间一长，灵感就如活泉一般奔涌而出了。现在他已经不害怕当众讲话，遇到想交流的人也不会脸红了。想起自己蜕变的经过，他总是感慨地说："老师的办法确实挺管用的，但也真是一言难尽……"

人生之所以有些时候不好，可能是因为你的人生模式出现了问题。其实，所有的模式，都是可以通过自己的后天努力重新编码的。想要改变它，就需要你拿出更多的勇气、信心和魄力，反反复复地去修整它、锻炼它，一次次地磨砺它、整合它，直到将一切落实成自己最满意的样子。这需要时间，也需要积极的行动和耐力。这个世界上没有谁，比你更适合去改造自己、成就自己。

其实改变自我模式，就是一个消除纠结和烦恼的过程。尽管我们的生命中总是会出现各种各样的冲突，尽管我们的思绪难免被那一句"不可能"束缚，倘若能够卸下这些内容，以更专注的视角看待问题，认认真真地去寻找另一种可能，那种行动比一味地局限自我来得更加活泼、更富有生命力。

所谓的自我模式，无非是在无数情景之下，自己给自己设定的一些规则，而规则随时都可以改变，认知也是随时都可以设计的。但不管世界和环境以怎样的形式发生变化，你都是自己人生中最完美的设计师，秉持极致的设计风格，你完全可以雕刻出自己最满意的样子，将完美的信念坚持到底。

难以启齿的痛点，下一段征程的起点

很多人都说："痛苦是人生永远都躲不过去的伤。"也有人跟我说："虽然最后我也成功了，但若是可以自主选择，谁也不希望生活像是从肉里长铠甲。"我听了以后，沉默许久说："那你看到痛苦送给你的那些机会了吗？""机会？什么机会？"她一脸茫然地说："这种扒一层皮的感觉里还能有机会？""那是当然了，痛苦是老天爷的一份厚礼，因为不想给别人，所以总是会伪装成痛苦来到你身边，要不然人人都想要，又怎么能精准地砸到你头上呢？"

当下很多年轻人只要经历点痛苦，就把它与自己的命运连在一起。其实很多时候，它就是老天爷给你的一份厚礼，里面充满了机遇，只是大多数人都在强烈的情绪感受下，错过了。

比如我的一个学生，从小经历了很多内心的创伤，成人后，尽管每天都积极努力，潜心创业，但事业始终都不见起色。于是她对我说："老师我的命真不好啊！为什么我这么努力，还是不能成功？"这时我就对她说："你的问题其实并不在于痛苦，而在于你没有认真地享受你的痛苦。""这痛苦，还能有心情享受啊？"

于是，我问她："你有没有想过自己为什么痛苦？又有多少人在经历跟你一样的痛苦？""那又怎样，不都是痛苦吗？"她不解地说道。"如果很多人跟你活在一样的痛苦里，那就说明这个痛苦是个广泛的问题，是个痛点，痛点范围越大，机遇就越大。如果你能把你的痛苦弄清楚，搞定了这个痛点，那钱不都是你赚吗？"

"哎！好像是这样啊！"此时的她眼前一亮说，"您继续说下去。""所以嘛，回去找张纸，把自己的痛苦罗列出来，然后看看自己能从中得到什么，能够以什么样的方式更有效率地解决问题。然后就到网上看看有多少人在吐槽类似的痛苦，他们的痛点又跟你有什么不同。这时候你就可以把所有相关的内容整合出来，分析一下，看看自己能针对这些痛苦做点什么。如果此时，你因这个痛苦研发出一个产品，痛苦群体就会视你为及时雨。如果将痛苦制作成一门课程，那痛苦的听众都会视你为专家。所以，不要总觉得痛苦是坏东西，它说不定就是老天爷的一个恩赐，关键就看你以什么样的角度去看待挖掘了。"

她听了以后频频点头，回去以后，就照着我的建议对自己的痛苦进行了一番深入的研究，有针对性地优化出了一套属于自己的课程思路，每天除了工作，就是编辑文案，完善平台直播，几个月的时间，就聚拢了几十万的粉丝。这时候她便开始有针对性地定制相关产品，和粉丝们一起互动讨论，研究怎样才能更好地解决这个痛苦。于是慢慢地，她成了几大平台争抢的心理学网红明星，课程一推出就成了"爆品"，大家蜂拥抢购。

难以启齿的痛点，说不定就是下一段征程的起点。生命中所有的遇见，都是上天给予一个人最诚恳的馈赠，所以任何时段的拥有都不能随便地错过。人生的痛苦，始终是生命最鲜活的创造力。与其一味地排斥它，不如紧紧地抓住它、把握它。如此一来，痛苦在什么时候，都是生命中最璀璨的拥有，也是时间长河中千金不换的遇见。

没有痛苦的呈现，怎会遇到更好的自己？没有痛苦的鞭策，你又怎会学到更多？生活不过是一场置之死地而后生的游戏，想要赢，想要活出非凡的自己，就要在正视痛苦的同时，让那个破碎的自己早早退场，因为就在下一秒更强大的自己就要伴随着灵魂的期待，从成功的地平线上破茧而出了。

别怕！孤独是最高级的生活方式

记得有一个春节，我是独自在一家旅店度过的，外面飘着鹅毛般的雪花，马路上行走的是急着赶回家过年的人。此时房间很安静，电视也没有打开，光线柔和而有安全感，我独自一个人坐在桌子旁翻看着心爱的小说，心中竟也涌动出一缕孤独的惬意。此时，电话响起，打破了这种平和的舒适。一位好友在远方跟我聊了一个多小时，问我一个人过节，是不是很孤单。我说："没有啊，一切都很好。""那你年夜饭吃什么？""八九点钟下楼吃碗面。""看看，我这位可怜的老哥。"对面的电话感慨道，"早知道我说什么都留下来跟你一起过年。""别，你可千万别，难得我找个机会好好消停消停，你可别来打扰我……"挂上电话，我又沉浸在了自己的小说世界，看似寻常的一夜，却是我印象中最美好的一个春节。

经常听到身边的很多朋友说自己害怕孤独，每天一回家就心里发慌，半夜时分了，还让电视响个不停，就是希望在自己的空间里整出点动静来。一个人时，不是坐在被窝里可悲地发呆，就是不断用手机骚扰别人。其实在我看来，这些应该都归类为寂寞！虽然寂寞和孤独都是一个人的时光，实质上却有天壤之别。寂寞是别人不想理你，而孤独恰恰相反，很可能是你不想理别人。而孤独状态下的创造力，往往是空前的富有活力，也能给我们带来宁静的体验。

如今，很多人都活出了属于自己的高级感，选择一个人生活。在他们看来，这种孤独的状态是解决人生问题最好的方式。就好像一个自主独身的朋友说的那样："每个人都可以有属于自己的活法，没有所谓的两个人更好、三个人更好，一个人也同样可以活出属于自己的精彩。生命每天都是与各种问题的遇见，而相比之下，一个人面对，说不定能帮你快速达成更稳定的状态，少了对其他助力的欲念和追求，你所要面对的，就只有一个自己了。"

曾经有一个四十左右的年轻人，顶着父母逼婚的压力，愣是活出了诗一般的独身生活。于是我就问她："你不缺钱，长得也漂亮，更不缺学历、身份，一个人单着不可惜了吗？"她想了想说："你这个问题我也想过，但当我用预见性的眼睛，推演自己的未来时，突然觉得，眼下的生活甚是美好。"

于是我追问怎么美好。她给我算了这么一笔账："以我现在所拥有的，就算找到一位如意郎君，我们可能会有自己的孩子，孩子需要早教，需要父母的陪伴，以后才不会那么没有安全感。这就意味着你在他没有上幼儿园之前，至少要有三年的时间，把心思用在他的身上；然后上幼儿园了，除去必要的开支、必要的工作，你还是需要不断地陪伴他，你需要陪他玩儿，需要哄他睡觉，需要给他讲故事，同时还要兼顾家庭琐事，还要和自己的爱人有一定时间的互动沟通。这时候我们两个人需要照顾的对象不只是彼此，而是包括彼此父母孩子在内的至少五个。如此这般，之后的十几年你想有点属于自己的时间，真是比登天还难。十几年过去，你老了，孩子长大了，娶妻生子，孙子又成了你的差事，你说人生不过一世，还有什么机会享受生活？"

我听了她的话，瞬间被噎得不知道说什么好。她顿了顿又说："一个人的开销好把握，两个人就得彼此迁就，有了孩子，赚的钱可能根本就不敢花。而论时间成本呢，你以为小红书上的'宝妈'都是早起狂魔，每天没事也要凌晨四点半起来看书吗？如果有足够的时间享受生活，谁不愿意躺在被窝里多睡一会儿美容觉呢？相较而言，一个人的时间成本、空间成本等就好多了。论时间成本，除了工作几小时，其他的时间都是自己的，想干什么就干什么；论到经济状况，没有了一大家子的支出，自己也能过得潇洒而有结余；论到空间，如果你有一个房子，所有房间由你支配的感觉难道不爽吗？当然一个人也有一个人的问题，你不得不去提前思考老去后的生活问题，也不得不去考虑去世前的尊严问题。但结了婚的人以后就不用考虑这些问题了吗？恐怕也未必。所以，与之对比，我宁愿拿出勇气尝试另外的可能和生活，而这种新鲜感说不定也是一种不错的人生。"

　　孤独可以让一个人有更充裕的时间看书、思考、观察世界，也可以让一个人有更多的机会摆脱束缚，拥有一个广大而自由的空间。当然这并不是对这种人生模式加以鼓励，而是希望你在适当的时候，将浮躁的心沉淀下来，把焦虑的思绪安放在一个轻松而舒展的环境里，与自己交谈一会儿，陪自己听一首歌、写一首诗，或是拿着咖啡杯在只属于自己的空间里漫步，甚至可以打个响指，给反光镜前的自己一个久违的微笑。总之，怎样都可以，人生中总该有那么一些段落是自己陪自己度过的。或许有一天你会发现，原来孤独才是人一生当中最该珍惜的遇见。

认知觉醒篇

第四章

高手思维：
善用认知博弈，优化生活中的
修炼道场

真正有格局的人是什么样的

前段时间认真地看了一遍电视连续剧《天道》，结果被其中的几个细节镜头"种了草"。阳光明媚的清晨，穿着朴素的丁元英到早点摊去吃早饭，明明给了一次钱，结果走的时候，被老板娘揪住不放，愣说他吃了饭还没给钱呢。要一般人，肯定会争辩，可丁元英却什么也没说，又给了一遍早点钱。

这个富有传奇色彩的人物，求人在古城租了一个房子，虽然是炎炎夏日，屋子里没有空调，他竟也能安静无声地活着。就这样过了一年，任何人也没接到他的一个电话。他经常会在中午吃饭的时候，被小饭馆儿老板嘲笑为在家吃闲饭的主儿，他却永远是咧嘴一笑，什么话也不说。他的行动坐卧如此不同，原因就在于他是个有格局的主儿。

曾听过这样一句话："宁和有格局的人吵架，不和没智慧的人说话。"我有个搞音乐创作的朋友，有一次带着爸爸出门吃饭，遇到个追着要停车费的大哥说："嘿嘿，你还没交停车费呢，一小时十块。""怎么这么贵啊！你们这里的报价太不合理了。"他爸爸一听就上前跟对方理论："我们其实也没停到一个小时呢。""哎你这人怎么回事儿啊，告诉你交多少就交多少呗，哪儿那么多废话啊！"对方寸步不让，干脆摆出一副你想吵我就陪你吵到底的架势。这时我朋友赶紧从兜里掏出十块钱，拉着爸爸就走了。"你这样不行！"他父亲没好气地说，"你白让他赚走十块钱。""爸！您知道您儿子是以秒计算工资的。"朋友半带安抚地说，"跟他吵十分钟，你儿子几万块钱都赚出来了，所以啊，咱就及时止损吧！"

这个世界上，不同的人在用不同的方式计算着自己的时间成本。有的人常常把时间花在鸡毛蒜皮的小事上，随便找人就能扯上一天。有人用自己的时间赌机遇，赌对了一鸣惊人，赌错了沦陷地狱。有人分分秒秒都在做决策，一个新想法说不定就价值百万。有人的时间市值是一小时三十元，有人的时间市值则要用秒来计算。有人觉得浪费五分钟已经很奢侈了，有人却一天到晚没事做。

有格局的人永远在计算着自己的资源和成本，永远不会把能量耗费在不需要自己解决的事情上。他们宁愿买断别人的时间，也不愿意消耗自己的光阴，于是偌大的公司，在职的不过两三人，其余的工程项目，不是已外包，就是走在了外包的路上。于是你看到，小小的门脸，年轻的几个人，一年的收益愣是拼过了千人的大企业，除此之外更让人瞠目的是，他们几个永远相见如宾，客客气气，平时如凡人一般低调，回过头就在众人惊讶的驻足下，钻进了豪车。别人辛苦赚钱的时候，他们也很努力，可别人赚到一万块钱的时间，他们已经实现财富自由了。人和人之间之所以有这么大的差距，还是应该反思自己的问题在哪儿！

人和人之间并不存在太大的差异，关键在于有没有妥善利用好自己的资源，有没有站在格局的角度，好好地关注一下未来。

所以从现在开始，认真地看待自己吧！掌好人生的舵盘吧！看清前方的道路吧！珍惜每一寸光阴吧！在认清自己的同时，将自我价值发挥到极限，唯有如此，机会才可能多看你一眼，你才不至于在芸芸众生之中，成为那个与成功失之交臂的人。

高手视角下的加法与减法

最近很多人迷上了断舍离，家里积攒已久的衣服，终于找到了一个清理的借口，而那些沉积在内心世界的情绪垃圾，也随着这种清理，换得了一丝舒爽与惬意。于是有人就问我："老师，高手都是怎么做加法，怎么做减法的呢？"我也想了很久，最后还是很认真地说："高手的世界里，有一套极富效率的法则，不管是做加法，还是做减法，最终赢家永远是他们自己。"

对于高手来说，生活中的一切早已被清晰地划分为必要的事和不必要的事，他们不断在必要的事情上投入精力，不断以叠加的创造力去应对生命中的挑战。在这个过程中，他们练就了情绪处理的金刚不坏身。尽管在面对难题的时候，也会遭遇负面情绪的影响，会自觉不自觉地深陷悲观情绪之中，脑海中不断弹出惊悚画面，重复着未来可能会出现的糟糕场景，当这种负面内容不断以加法形式在心里打转时，本来强悍的定力就会因此面临严峻的考验。这时他们就会快速地打开减法方阵，以最简约的方法问上一句："你觉得你应该放弃吗？"如果此时心中的答案是："NO！"那么他们会微笑回应："好的！"随后便将那些负面情绪，以最简单的程序清零。

这时你可能要问，高手都在什么时候做加法呢？当这些负面情绪被清理得干干净净后，心里便充满无数创意与活力，秉持着"这件事我一定要做"的坚定与"要做就做到最好"的初心，他们会将积极的能量不断提升，源源不断地焕发出活力和朝气。当氛围全部被这样的气息填满时，他们便可以很轻松地对自己说："快乐地去玩儿吧，享受工作的高光时刻吧，富有活力的加法才是你现在最需要的东西。"

在高手的世界里，所有的资源都要被剪辑成心中最理想的样子。为了能够更好地享受生活，他们拒绝将时间浪费在那些没有意义的事情上。因此，不需要见面的人，一辈子都可以不见；不需要联络的人，就果断地断绝联系；不需要花的钱，就好好地把它攒起来。至于那些琐碎的业务、毫无意义的会议和报表，在他们智慧的管理下，被处理得干干净净。就这样，他们的过去不再有悔恨，他们的未来不再有纠结，他们始终都在追随内心勾勒的最美样子，不论是有效率地管理身体，还是有智慧地料理人生。

所以，不要诧异别人人生的丰富程度为何是你的两倍，只因他们善于自我管理，清空了琐碎的事物，又将富有生机的内容源源不断地注入自身。省去了复杂的冲突，加入了极简的洒脱；减去了凌乱的被动，加入了积极的行动；减去了负面的怀疑，加入了果断干练的实践。于是慢慢地，他们的世界在加减法运作下形成了更完美的自己。

真诚地希望你也能整理好你的空间，用最智慧的加减法经营自己的世界。生命无极限，若无解于时间的长度，可扩大人生的宽度。生命拥有的一切，都源于面对场景时的笃定选择，创意你的创意，坚持你的坚持，当那些无意义的人和事随着洒脱一笑离去时，崭新的行程便可随时开启。

请用好自己的加法减法吧，愿你心中的美好终将显现。如若此生豪情不减，何妨大步流星，一路朝前。

从今天起，做个坚定的长期主义者吧

最近很关心短期收益数据，结果在搜索信息的时候，看到了一则很有借鉴意义的新闻。有个小伙子买彩票中了一个亿，世人为之震动，大家都觉得这样的人，从此将过上无忧无虑的生活。然而故事并没有如我们想象中的那样发展，过了不到一年，有人在天桥上看到了一个乞丐，衣衫褴褛，目光呆滞，有人认出他就是中一亿彩票的那个人，于是就问他："你怎么混成这样啦？"此时，小伙子内心平静，神色坦然，唯一的回应就是："虽然现在很惨，但活得很真实。"

显然，这是一个被短期受益狠狠打过一巴掌的人，由于一切得到的太容易，所以不知道珍惜，钱在不知不觉中流向了别人，流向了那些一直在努力，始终获取长期收益的精明人手里。

这个世界上，渴望一夜暴富的人不在少数，巴菲特曾感慨地说："世界上没有谁会愿意慢慢变富。"可变富这件事，本身是一种能力，而不能靠所谓的投机。有些人正是看清了这点，不紧不慢，不温不火，在所有人都撤退的时候，成了笑到最后的人。并不是老天爷有多眷顾他们，主要原因在于他们是坚定的长期主义者。

这里的长期并不意味着置身某个领域中没有变化，相反，他们敏锐地观察，更清楚地看到世界运行的走向和规律，因为坚持长期的洞察和判断，他们的每一个行动就要比别人更精准、更理性。这就是为什么投资同样一个项目，别人投资的时候狠狠地赚了一笔，换你去投，却赔了个精光。所谓时机不同，结果不同，别人关注这个项目十年才出手，计算好了什么时间投入，什么时间撤出，而你呢，只看到了他在赚钱，却不了解里面的因果，最终只能是，别人以最高的价格出售给你，你以为自己捡了个大便宜，可没几天发现，原来是上当了。

对于长期主义者来说，有些事情值得长期投入，有些事情需要几年的观察，有些决定思考了不止几个月，有些行动在几年前就早已经设计成熟。他们的思想可以很超前，但绝对不狂热，他们会预感到未来可能发生的事情，预感到自己机遇的来临，但长期的坚持会让他们适时地放慢脚步，不断地复盘思考，不断地演练，最终站到了时代的潮头，成了众人眼中乘势而起的英雄。

这个世界上总有一些人会高估自己的能力，总觉得自己早晚一夜成名、一夜暴富，于是做什么都是盲目的，以至于别人退出他买入，别人买入他退出，最终别人的钱包越来越鼓，他的口袋却成了皮包骨。但凡能笑到最后的人，往往都是那些用好时间复利的人，他们会不断观察自己所投入的行业，不断地用审视的目光总结经验、摸清规律，在别人没看到的时候看到，在别人未出手的时候出手。

其实，一步一个脚印地变富并不是坏事，脚步更坚实了，明天的路也会越来越敞亮，因为知道路在何方，才不至于再有失措的迷茫。

未必要跳出舒适圈，但要扩展舒适的圈层

经常听到很多平台在谈这样的概念："大家一定要跳出自己的舒适圈，这样才能拥有更鲜活的创造力。"于是就有人说："先别告诉我怎么告别舒适圈，谁能教教我怎么进入舒适圈！"城市中霓虹闪烁、高楼林立，站在落地窗前放眼望去，似乎每个人都活得好辛苦，根本就不存在任何的舒适感。大家很早就行色匆匆地上班，很晚才晃晃悠悠地从办公楼出来，在流动的公交车上，人们一脸疲惫地坐着，对着手机发呆，好像对周遭的一切都提不起丝毫的兴趣。

每次看到这种景象，我心里就忍不住要问："若是能把这种痛苦改良为舒适，即便是身处于舒适圈也没什么不好啊！"有学生问我：

"老师，人生是应该痛苦地活着，还是应该在寻觅舒适感的征程中追寻？"我想了想问他："你觉得你在什么时候是最舒适的？""嗯……看手机的时候！"他拍了拍脑袋说，"那时感觉自己是最轻松舒适的。""哦，那就是说，如果你一边看手机，一边听歌，感觉就不舒适了呗？"我问道。"不，那也很舒适。""哦，那如果你一边听书，一边看手机，似乎也会很舒适吧！""嗯！应该是的。""那如果走在大街上听书，应该也不影响舒适吧？""啊，那应该感觉会很好啊。""哦，那如果早上起来，洗漱、运动、化妆的时候，都有音频读书的陪伴，应该也算不上痛苦吧？""是啊，很好的感受，时刻都在吸收新知识。""嗯，那晚上快要睡的时候，听书也不难受吧？""不难受！""那如果这些东西在上班的时候带给你更多工作灵感，让你的工作表现更出色了，你是不是也觉得挺舒适？""嗯，很舒适。""这样的舒适只能局限在一家公司吗？""当然不会，去别的公司也一样。""这样的舒适只局限在北京吗？""不，在上海也应该会很舒适。""广州呢？""广州也舒适。""美国呢？""美国也舒适。""嗯，你看，小小的逻辑改变，你的舒适圈不就扩大了吗，到哪儿都很舒适，不舒适的时间就越来越少了。"

我身边有很多朋友，职业将他们打造成了"空中飞人"，大部分时间不是在赶飞机，就是在飞机上。按说这样不固定的生活是最难找到舒适感的，但他们却始终精力充沛，乐在其中。他们会在自己的行李箱里准备好一天所需的维生素、最消解疲倦感的质感面膜、极富卡通趣味的充气枕。届时，他们会边做面膜，边喝准备好的果蔬汁，要么用电脑设计飞机落地后就要开展的工作，要么就安静地拿起书，沉浸于文字世界。他们大部分的书，都是在坐飞机的时候看完的。在飞机上，有人完成了自己十多本书的写作，有人成功构思了数套企业计划书，有人学会了数项技能……看到自己在出行的过程中成就了如此丰硕的成果，他们个个觉得掌控感十足。

所以，改善生活的本质，不在于如何跳出自己的舒适圈，而在于如何以最智慧的方式掌控自己的舒适感，让它的圈层不断扩大，将那些不舒适的感受，压缩成最小的瞬间。经历了自主的人生设计，成就感就会随着收获而与日俱增。此时你会惊讶地发现，想要铸就人生的舒适感其实是一件再容易不过的事，这颗种子随时可以空降到世界的任何角落，对着太阳升起的地方生根发芽，此后一路快乐生长，一切都是被舒适垂青的瞬间，一切都成了自己最喜欢的模样。

第五章

谬误规避：
那些"认知学费"，能不交就不交

一个人心中的三种"对错观"

前段时间，朋友遭遇了一次损失的，刚坐到办公室，就发现信用卡被套走了两万多元钱。冥思苦想了一番，才想起起床时手机弹出的 ETC 充值提醒，想到自己本来也该充钱了，便按照要求操作了一番，没想到不到两小时的时间，信用卡便被远程的几台 POS 机强行刷爆。尽管事后及时与警方取得联系，但由于案件复杂，最终也没把钱追回来。

我本以为朋友会因为这件事不高兴，没想到她面色平静，丝毫没有受到这桩糟心事儿的影响，该说说该笑笑，宛若这一切都是别人的经历一样。于是我忍不住问她："你就不心疼那两万元钱吗？""本来错就在我，又有什么好抱怨的。"她一边说一边转身去冲咖啡。"怎么会是你的错？明明是不法分子太猖獗，而且平台也没有针对问题采取防范措施……"本想为她鸣不平，她却回过头做了个打住的手势。"是我早上起来没看清楚，觉得发来的信息就应该是平台信息。如果那时与平台工作人员取得联系，认真了解一下，事情也就可以避免了。所以，怨不得别人，一切都是我自身的问题。"

听了朋友的话，我沉默了许久，最终还是对她的担当精神佩服不已。这件事要是落在别人身上可能会痛苦许久，可她将问题看开，所有的烦恼和纠结，便在顷刻间烟消云散。

刘润老师在畅销书《底层逻辑》中说：一个人的心中，应该有三种"对错观"，它们分别是法学家的对错观、经济学家的对错观和商人的对错观。

在法学家的对错观视角下："只要证据确凿，谁违背了法律就是谁的错。"这种对错观最宏观、最公正，也最"大快人心"。

而在经济学家的对错观视角下，谁在事件进程中的社会总成本最低，就是谁的错。虽然这些行动未必牵涉法律，但只要在体系中稍加改变，本来是可以有所改善的。

最后就到了商人的对错观，在商人看来，谁的损失最大，就是谁的错。从个体利益最大化的角度来说，最聪明的办法就是把错误归于自己，这样不但不会引发争议，还终止了对负面问题的继续投入，快速规避掉了因投入所造成的后续损失。

有了这三种不同的"对错观"，我们便能够以更清醒的态度处理眼前的问题，哪里需要加大分量，哪里需要节省开支，哪里需要果断地承担责任，哪里需要加以调整。当所有的工作都能按照相应的程序有序推进时，我们就会发现，有效避免"认知学费"的过分开支，其实还是很有必要的。

别说谁想看你的笑话，他们没时间

"哼，他还不是就想看我的笑话？现在好了，事情办砸了，终于可以大做文章了。"一个学生边撇嘴，边跟我抱怨自己工作中的遭遇。"你可别这么想，没人看你的笑话，因为人家没时间。真正的狠角色，永远会看向更远的地方。""啊，听起来好残酷的样子。"她低语道，"那我下一步该怎么办？""提升你自己。"我坚定地答复道："唯有重新回到那个对他有威胁的轨道，你们才有机会继续做对手啊！"

我曾经问过一个"狠人"："当你胜过对手后，接下来会做什么？""其实胜过他不过是整体目标中微不足道的小环节。"他笑着对我说，"我有我自己的局，所以目标落实后，马上就会转移到下一个。时间是不等人的，若完不成整体的规划，后面会有麻烦的。""那你就不想看对方的笑话吗？"我下意识地问。"哪有那个时间，除非真的有必要。"他对我说，"把宝贵的时间用来调侃手下败将，你也太小瞧我了吧！"

世界上没有任何一遭奚落是空穴来风，要么想把你的心情搞砸，要么想让你的思绪混乱，而且可能不是你做得不够好，而是你的好给别人带来了威胁。当你的优秀令别人难以超越时，对方便只能以这种方式表达不满。

于是，你就发现，自己工作干得再好，也总有人挑毛病。不论自己在行业中多努力，也总有人给你穿小鞋。就这样，一艘斗志昂扬的小船就这样被人刺破了油箱，再怎么努力往前走，阻碍的人多了，也照样停滞不前。

或许此时你会说："那不都是些小人吗？"实话告诉你："还真不一定！"常言说得好："没有金刚钻，别揽瓷器活。在有格局的人看来，小人不过是他们眼中随时可以踢出局的棋子。"

所以，若想在充满竞争的世界，闯出自己的一片天地。积蓄力量永远比过于表现来得更富爆发力。博弈总有成败，胜与不胜都别失了心中的定慧。成，就认认真真地完成下一步的计划；败，就潜心地充实自我，争取未来成为那个谁也敌不过的人。

一位职场精英告诉我："第一次被上司训话时，他的表情轻松而冷峻，说完就好像什么事情都没发生。而我也没有分辩，只是在工作上付出加倍的努力。我花了两年的时间在这个岗位上练就才能，最终成功跳槽500强人力副总，成为新领导眼中不可多得的人才。"

所以，别总说别人想看你的笑话，而是要从中看到自己的价值。倘若机会终将把你铸就成理想的样子，那就得顶住这些考验，不带情绪地丰盈自我！每个人都是这样跌跌撞撞成熟成长的，珍惜敌视的眼睛，才能将那被攻击的弱点百炼成钢。尼采说："那些杀不死我的，都会让我更强大！"与其在那儿困扰于别人的诋毁，不如以平静的心态，更坚实地迈向未来！

惯性束缚：这辈子就只能这样了

"我其实特别羡慕你的人生。"一次我的邻居这样对我说，"每天光鲜亮丽地站在讲台上，还有属于自己的事业。你已经算是成功人士了，哪像我，每天在家带孩子，整个人都要废了。"

"其实你可以好好地规划一下你的人生啊！"我很肯定地告诉她，"每个人的人生都是自己说了算的。"她摇摇头说："我的人生已经定型了，也就这样了。""如果你相信我的话，我可以给你个建议。"我看着她的眼睛说，"你在家带孩子，肯定对这件事已经有一定的经验了。现在有一些母婴专栏的自媒体公众号，一直在招写手，你可以去试试。若是做得好，摸清了门路，就可以自立门户。然后你可以做一些视频号、抖音、小红书的文案，开设自己的直播专栏，不管是直播带货，还是运作直播课程，都可以给自己带来不少的收入，最后你可以把自己打造为明星母婴博主，和'宝妈们'一起分享带娃经历，探讨方法，一同进步。这样每天也花不了太多的时间，等孩子上了幼儿园，你就能发展出一份属于自己的事业了。"

"说得是挺好，但这是有一定能力的人才能干的。"她低下头想了想说，"我大学毕业以后就很少写东西了，这么差的文笔肯定是不行的。""没有关系啊，我可以推荐你几个文案写作课程，专门教你怎么打造经典文案。只要你勤加练习，一定可以写出好的作品的。""听说小红书什么的，也都不好运作呢。"她又犹豫地说。"没关系啊，我给你推荐一些抖音、小红书的运营课程，有专家手把手教，你一定会很快上手的。""唉，那一定得脑子特别好使才行！"她喃喃地说，"可是我现在的脑袋是木的。"看她不断给自己找理由，我最后只能闭嘴。我知道她这辈子一定不会有什么改变了，一个不愿意改变的人，世界变成什么样子似乎都已与他无关了。

年轻的时候，很多人心中都对未来充满了希望，它很广阔、很精美，以至于心怀斗志，为了心中的那个未来而不断奋斗，但当一切趋于稳定后，那个原本壮美的未来就消失了，人们在自己的生活中停滞不前，觉得一切都只能如此。其实，未来始终都在因世界的变化而发生改变，它可以不断完善、不断扩展，随时都可以有更新颖的描绘。它不应该被惯性束缚，相反它应该随着不断的探索充满奇特的发现。这就是为什么有人年过半百，还说自己永远年轻，而有人还不到三十岁，就觉得自己应该"躺平"退休了。

或许，人与人之间的差别，就在这里了吧。有人永远都在接受新鲜事物，而有人却把自己活成了老古董。相比之下，如果是你，也不愿意过多地跟后者打交道吧。

无论如何，请不要停下脚步。不管现在处在什么年龄段，你都有能力改造自己的人生。摩西奶奶七十多岁开始画画，九十多岁还出了书。玻璃大王曹德旺如今已过古稀之年，心中依旧充满了各种各样的企业发展构想，每当面对采访的时候，他都会很自信地说："其实可以做的事情很多，我才七十岁！"日本心理医生中村恒子九十多岁还奋战在一线，每天坚持服务病患，并在快要一百岁的时候出版了畅销书籍《人间值得》……这些人虽然年龄都很大，但把自己的人生活成了诗，生命灵感的活泉时刻都在涌动，随时有好的开始，随时有最美的收获。

想要赢更多？其实你大可不必焦虑

每次等待结果都是人生中最痛苦的时刻。因为不知道结局如何，心里又特别想赢，所以总是在担心，总是在焦虑，所有的负面情绪都会在这一刻一起折腾你。

其实在我看来，大可不必，放下对输赢的执着，反倒可以全身心地投入人生。输赢本就是一个概念。在结果出现之前，在过程之中，本该没有痛苦、没有竞争，而是全身心地投入。当一个人忘我地专注于一份属于自己的事业，不再问自己是谁，也不再觉得自己有多了不起时，人生中经历的一切，都可以成为你寻觅灵感、创意的途径。

曾经有一位身心灵学家说："忘记自己是谁，就是杰出创造力的开始。"你不再刻意地深陷于任何角色，也不再被这些角色所束缚，你不再对输赢报以期待，因为眼下的事情才是你心中最感兴趣的。当一个人对输赢不再过分关注，也不再为得失而焦虑时，自由就会与他如影随形，至于那些所谓的困难、所谓的痛苦、所谓的对错，都不再会成为他前行的障碍。心中不再有对手，对手的威力就会瞬间消散，心中不再有输赢，输赢的压力就会顺势瓦解。

我有一个同学，曾就职一家非常有名的股票运营公司。一次公司因一笔投资失败，在经营上出现了很大的问题，所有的人都在为企业能不能生存下去而担心。而当我同学朝着总裁办公室张望时，却惊讶地发现，老板正哼着小曲儿，饶有兴致地擦拭办公室里的家具。于是他鼓起勇气走进去对老板说："老板，这笔投资失利的事情很严重，所有人都在担心，眼看我们就要输了，您怎么好像并不着急啊？"

老板漫不经心地推了一下眼镜，微笑着说："如果着急就能让咱们赢，那我一定分分秒秒都着急，其实输赢并不重要，过好每一个当下，才是最重要的。"我同学说他当时并不完全领会老板的话，却能感觉到这个在金融界叱咤风云的人物，内心有着十分强悍的力量。

没过多久，企业有了新一笔的融资，彻底改变了公司的状况，经过老板和全体员工的认真运作，很快企业恢复生气，不到一年的时间就扭亏为盈，彻底摆脱了经营的困境。

由此可见，面对输赢时的信念和情绪对一个人是多么重要，有人结果未知已经被吓个半死，有人即便面对生死考验，也能神情自若。所以不妨问问自己，若人生这一遭不过是一个剧本，你希望以怎样的状态展现独一无二的你。摒弃输赢，生命便不再有输赢的概念，我们只需按照自己的想法向前走，经历自己的经历，遇见人生的遇见，在勇敢面对任何发生的同时，以自己最完美的表现实践生活。

所谓情绪泛滥，都是自己惯出来的

很多学生问我："老师情绪是什么，我又应该以怎样的态度去应对呢？"其实，现代社会很多人都觉得自己是情绪的奴隶，好的时候，开怀大笑，不好的时候，便不免有些反常之举。尽管事后觉得自己不应这样，但总是难以自控。作为完全行为责任能力人，我们必须对自己所做的一切行为负责任。但冥冥之中，总有这样一种隐痛："为什么我会忽然间这样？是什么东西在操控我的生活呢？"

事实上，倘若你掌握了那么一点相关的心理学知识，便可以在情绪泛滥的时候，有效地调整自己的状态。你可以做个深呼吸，然后认真地觉察情绪在自己身上的各种反应，随后看着这些化学反应在身体中归于平静。带着理性的思维，重新考虑眼前的发生，并有针对性地采取行动。有时只需一分钟，你的理性便会战胜情绪，更好地助力你的判断，以全方位的视角为你提供思路，最终助力你在理性的支配下，做出最有效的行动。

我曾经遇到这样一个朋友，同事因为他业绩好，总是对他冷嘲热讽，时不时地就会跟领导打小报告，他忍耐了许久，最后还是爆发了。

"听着他们的那些混账话，我的整个身体感觉就像燃起了一把大火，这么长时间他们对我所做的一切，一幕幕地在脑海中回旋，我觉得自己再也忍受不了了。所以不由自主地拿起手边的书，冲着他们就摔了过去，之后我和其中的一个人扭打在了一起。"朋友低着头说道。"后来呢？"我问，"后来的结果是什么？""他们找人报了警，说我故意伤人，我被关了十五天，回来老板便把我辞退了。"我叹了口气："你若是控制好了自己的情绪，肯定有更好的处理方法。"

若是能够以理性的方式看待问题，便可以适时地创造机会，将真实情况汇报给领导；也可以在他们影响到自己工作进度的时候，由客户向领导反映问题。不管怎样，总要比冲动的举动好得多。

那么面对类似的问题我们究竟该如何解决呢？其实方法很简单。

首先，缓解自己的不良情绪。

所谓善战者不怒，既然知道别人在找麻烦，解决问题时，自己要成为那个操控情绪的人。越是在这种快要被激怒的情况下，越是需要以最好的方式管理自己的情绪。你可以先去趟卫生间，以转换空间的方式让飙升的情绪平静下来。随后好好思考，自己到底应该以怎样的方式去应对。

其次，安排理性的行动。

情绪缓解后，便可以缜密地安排好沟通的内容和节奏，一旦对方在互动中露出破绽，便可以直接反映情况。这时候再结合自己的想法对这件事发表意见，对方就是想推翻想必也不太可能了。

第三，调动正面情绪，敢于面对挑战。

第二步做完，你便为自己打造了一个有利的局面，这时要调整好自己的状态。你可以冷静地观察对方的一举一动，也可以揣测他们现在的情绪。随后，他发作的时候你平静，他咆哮的时候你理智。这不是报复，而是允许理性融入身心，以最正确、最果敢的方式解决问题。

所以，别时不时地说自己情绪泛滥了，泛滥也是你自己惯出来的。想要成为很厉害的人，你就要从现在开始，锻炼好自己的情绪管控力。当你能自如地调节情绪时，就会惊讶地发现，成就自我，并不难，追根究底也不过是一门需要调整的技术。

第六章

角色崛起：
自我改变的原动力，做自己的
"千面英雄"

角色多，就会一地鸡毛吗

　　常常有人跟我说："老师啊，这人生的角色实在太多了，管好了这个管不好那个，怎么就把自己活成一地鸡毛了呢？"其实，扮演多重角色的人又何止你一个，在单位你是员工，在家你是儿子，对下属你是上司，对孩子你是父亲，对朋友你是伙伴，对妻子你是丈夫……有时我们确实希望把每出戏都唱得尽善尽美，但只要在小细节上出了错，很可能后续的戏就没法唱了。

　　举个例子，本来今天起了个早，结果上班路上行人的角色没演好，因为让座跟人发生了口角。到了公司，屁股还没坐热，上司就把一摞文件扔在办公桌上："你上次做的计划书怎么回事，客户没看两眼就给退回来了，下次再出现这样的情况，趁早给我走人。"好不容易下班了，站在公交车上，明明想咆哮，却还得使劲压抑，心中不断进行灵魂拷问："这样备受凌辱的日子到底是为了什么？若此时自己不是要养家糊口，百分之百撂挑子了。"

　　刚推开家门，本想在沙发上好好歇歇，不想进门就看见沙发上堆满玩具，压根没有下脚的地方。老婆看了你一眼，就开始没好气地叨叨："下班怎么那么晚啊，家里什么事儿都不关心，我看你啊，是把这儿当宾馆了……"本来进门前反复地告诫自己："不要把工作情绪带回家。"可此时哪还管得了这些，眼看一场战争在所难免。

看吧，小小的一个变故，就酿成了这么严重的后果，所有的角色瞬间分崩离析。若是这样的戏码成了每天的循环单曲，想必很多人都撑不了几天吧！其实，你只需在初始阶段悬崖勒马，后续的剧情很可能就会变一个样了。

还拿上面的事情为例，起初不过是让座的小插曲，为了不影响心情，不如就大大方方地站起身，打开手机的听歌功能，一边看看外面的风景，一边聆听动人的旋律，不畅快的心情一会儿也就过去了。到了办公室，老板再怎么发脾气，只需稍微对情绪进行下处理，然后平静地对自己说："不是没被开除吗？说明还有机会。"随后便可以有条不紊地做好手边一项又一项的工作。工作完毕，轻松地舒一口气，一天的忙碌终于到了可释怀的时候。戴上耳机，工作场景中遇到什么事，现在也跟自己没关系了，在回家的间隙，在这个可以与自己相处的时刻，不如闭上眼睛，放空自我。毕竟，所有人都在很辛苦地打拼未来，坎坷谁都会遇见，自己算不上什么例外，又有什么好纠结生气的呢？

回到家，儿子把房间搞得乱七八糟，不如就坐下来和他玩一会儿，然后对他说："下次乱扔玩具，它们会生气的。"妻子忍不住地叨叨，那就干脆好好抱抱她，说上一句："老婆你真能干，我都想你了！"保不齐她所有的怨气就瞬间烟消云散了。随后便可舒舒服服地躺在床上，心想，如今一切角色都已成功落地。小小的改变，就让我度过了幸福美好的一天。

曾经有个女孩儿说："我为自己设计了人间的一百个角色，准备让她们个个都具备世间极美的特质，随后我要找到一个和我一样的男孩儿，让一百个我去爱他，同时也收获他最完美的温存。"人生的角色如此浩瀚，怎可能因此就把日子过成一地鸡毛呢？当我们卸下了挂在脸上的脸谱，以真实的视角演绎生活，持守爱的初心时，一样可以把日子过成诗和远方。

别说"坚持一万个小时"你就会是个了不起的人

经常听身边的学生说："只要坚持一万个小时，我就可以成为领域中的专家。"每当听到这种论调时，我就在想，大千世界，这么多努力的人，很多人付出的时间都不止一万个小时，怎么也不见他们成功了呢?

这时你可能会说:"那是因为他们笨!"但这样的人真是一捞一大把啊!明明想要学门新技能,结果眼睛看着课程直播,心却飞到了另一个世界。不管什么时候,他都在那里老老实实地坐着,课程也总会在规定时间开讲,如此周而复始从不间断,眼看一万个小时过去,心想这人怎么也该是个人才了吧。于是出个题考考他,结果还是不及格。这时候别人就问:"你不是已经练习了一万个小时了吗?怎么还是这样子?"而他也是一脸疑惑地说:"是啊,不知道啊,我怎么会是这样子?"

此外还有人将一万个小时定律用错了地方,别人用一万个小时学东西,他用一万个小时打游戏,结果游戏一再地推陈出新,怎么打也打不成业内的精英。眼看自己在时间中沦为一无所长的消费者,有人劝他还是算了吧,可他却心有不甘地说:"打到这个段位很不容易,若是轻言放弃,那就太可惜了。"于是,时间悄悄过去,装备无限地买,游戏无限地换,自以为是虚拟世界的老大,却彻底与真实的社会划清了界限。

也有人确实想学门手艺,却在职业选择上缺了点儿眼光,眼看工作随时可能被机器取代,自己还在那里准备深耕,经历了一万个小时的严格历练,终于将功夫练得炉火纯青,结果总部忽然打来一电话:"对不起,为了紧跟时代潮流,这个职业咱不需要了。"于是瞬间精神崩溃。

哎！时代在前进，本着效率至上的原则，如今的很多企业，已经在完善自己的智能经营文化。所以，别再抱怨怎么就让机器抢了饭碗，而是该好好地盘查市场，看看什么样的行业是当下机器无法超越和取代的。在此基础上，利用一万个小时定律去打磨一门技术，肯定要比盲目地选择来得更理性、更靠谱。

曾经的银行，哪个员工数钞票又准又快，就是最优秀的，可如今一沓钱往机器那一放，半分钟的工夫就被算得清清楚楚。曾经账房先生的基本功是打算盘，可如今一切都是计算机做账，加减乘除，处理起来游刃有余……多少曾经不可替代的职业，如今都已经消失在了记忆里。若是此时您还要用自己的一万个小时去钻研这类行当，恐怕一辈子都难找到工作啊！

一万个小时多么可贵，最有效率的时间管理方式，自然是要将时间用在刀刃上，唯有看清明天的路，之后再努力和付出，才不至于在白忙一通之后，沦为被时代淘汰的人。

所以，快些完成自己的认知觉醒吧，摸不清规律，顺应不了变化，方向不对，走到哪儿都是一片深不见底的汪洋。到时候别说一万个小时，就是拿出十万个小时，也无济于事啊！

每一个狠角色，不只是"看起来很努力"

2024 年初，《热辣滚烫》成为春节档最热门的电影，为了能够拍好这部戏，贾玲足足减了一百斤，她把自己练成了拳击手的样子，引得众人惊呼，一片喝彩！于是很多人都因此受到激励，在朋友圈、微博上纷纷发言："自己也该好好减肥了！"结果呢？累了一天，打开冰箱就抵御不了冰爽可乐的诱惑，而可乐要想喝得尽兴，又怎少得了炸鸡和薯条呢？

常言说得好：一分耕耘一分收获。有人羡慕别人文思泉涌、学富五车，却不想人家除了吃饭睡觉，几乎所有时间都被墨水填满了。有人羡慕别人骨骼健硕、八块腹肌，却不知为练就这副身板儿，人家吃了多少苦。你羡慕人家出口成章的演讲力，却不晓得他背后的十年苦功。你羡慕人家一流的绘画水平，却不晓得他多少个夜晚都是和油彩一起睡的。你羡慕人家跳得比你高、投得比你远、跑得比你快，却不知他天没亮就开始奔跑，夜已深还在训练。毫无疑问，真实的努力总能给人带来很多东西，一步步地矫正你的人生，让你在面对挑战时展现出自己最美的姿势。

这个世界上，怕的不是你不努力，而是那些比你优秀的人比你还努力。他们本身就是赢在起跑线上的人，却依旧在自己的赛道上坚持不懈。

人总是想彰显自己不费力的聪明，没有人知道这种潇洒写意的背后融汇了一个人多少不为人知的艰辛。

我有一个朋友，是圈子里公认的小太阳，白天四点钟起床，晚上十二点多才睡，公司大大小小的事一件不落下。她每天都很忙碌，但从不乱吃东西，健身从不懈怠。她说自己大学毕业就当了老板，比别人快了一步，于是有人就问她："你已经这么厉害了，干吗还这么努力！"她听了总是笑着说："为的是年老时回忆起来，分分秒秒都是生命最精彩的呈现。"

人生总有些东西是别人拿不走的，你学到的东西、思考过的问题、经历过的创伤、总结过的经验，都会随着年纪的增长，源源不断地给你带来财富和希望。

所以请不要只是看起来很努力，请不要把你的付出建立在别人的关注里。一步步地走好自己的路，专注地去体验生命中的每一次经历，接受人生所有的挑战和遇见。即便这些过程充满艰辛，却必将是你步入成功最美的见证，是记忆中舍不得抹去的耀眼光环。

"附身行动力"，别忽视了榜样的作用

有没有过这样的感觉：一堆烂摊子摆在眼前，根本不知该从哪边下手。此时身体负能量爆棚，感觉整个人都要撑不下去了。于是身体一摊，就这样百无聊赖地坐着，五分钟过去，十分钟过去……不管怎样休息，这股疲劳困苦劲儿就是要跟你过不去。

我就有一回遇到了类似的情况，整个人陷在沙发里，没过几分钟就沦为了彻头彻尾的"手机控"，晃悠一会儿一小时过去了、俩小时过去了，明明心里挣扎着说不可以，身体却丝毫没有起身的动力。好在这时我在视频里看到了自己的偶像，此时的他正豪情壮志地发展自己的人生。于是忍不住惊叹："哇，人家多厉害，分分秒秒都在努力，现在的我跟人家可怎么比啊！"也就是在此时，一个声音对我说："既然偶像做得到，你有什么做不到的？不就手边的这点事儿嘛，想想如果是他会怎么做？"就在那一刻，我感觉自己整个人都恢复了力量，快速从沙发里爬起，重新坐在了办公桌前。当时是晚上七点，我在三个小时里，完成了一万字的书稿，对接了三个课程文件，细致地完成了次日的行动计划，复盘了自己一天所有的工作流程。结束后不禁惊讶，三小时干出来的业绩也不差啊，可若是没刷到那条视频，恐怕自己还是会窝在沙发里，恍恍惚惚地度过一个晚上。

事后回想，那天在我身上到底发生了什么呢？后来才明白，原来这就是榜样的力量。记得有一次看到这样一条报道，说女作家王潇由于身居数职，常常在深夜写作，每当快要词穷的时候，她就会果断采用"附身效应"，把自己想象成偶像梁凤仪，这种自我调整十分奏效，每次都可以很快帮助她找回写作的节奏，灵感也就在这一刻被全然地激发出来。

后来我发现，其实很多业内大咖都在采用这种方法，为的就是能随时把自己调整到更好的状态，他们会提前为自己选择一些领域中杰出的偶像，阅读他们的书籍，关注他们产出的内容和视频。每当自己陷入瓶颈时，只需抽出几分钟想象一下自己是他们，所有的难题便可能因灵感涌现迎刃而解。

所以，我的建议是，如果你现在还不知道自己适合干什么，或是根本不知道自己该怎么发展，那就不妨先给自己找几个实力派偶像。随后了解他们成功的经历，然后将他们所有的视频文件关注保存起来，在自己快要失去力量的时候，借助他们的力量，快速地改变模式，在爆发式的"附身效应"中，和自己的偶像一起乘风破浪。

其实"附身行动力"完全可以成为我们日常生活中的常用方法，不管是完成一项工作，还是优化一种生活，你都可以想象自己是最优秀的人，当你带着他们的情感经历人生，用他们的视角观察世界时，生命便在这种无形的赋能下越发完美了。

不计得失，才能尽善尽美

人在状态差时做事，总会产生一种力不从心感、一种焦躁感，从而越是苛求完美，越是事与愿违。于是，整个人在能量失衡的状态中很被动，觉得不管怎样努力，成绩都不忍直视。

正是因为这种担心，明明很熟悉的事情却做得异常谨慎，少了行云流水的流畅感，在琐碎中滋生出了无尽的遗憾。于是，患得患失，只因心中尽善尽美的要求，将事情搞得索然无味。

于是有人就不免要问，若是有一天放开手脚，不再去计算得失，全身心地投入自己喜欢的事，不计成本地倾注全部的精力，结果会不会不一样呢？为此我曾经特别采访过很多的友人，他们的回答是："越是这样，越是能够获得无尽的成就感。"

我有一个当老师的朋友，每到工作遭遇挑战时，他就会早早起床，屏气凝神地抄写老子的《道德经》。起初家人很不理解："就那么五千字，你抄了一遍又一遍，它究竟能给你带来什么变化呢？"他的回复是："我从来没有想过要因此得到任何回报，我只是找个时间和我的心、我的灵魂安静地待在一起。"于是我就问他："抄完了有什么感觉？"他回答道："那种心无旁骛、不计得失的感觉实在太棒了！"

前段时间刚刚读完了埃隆·马斯克的传记，这个富有传奇性的企业家，几乎将百分之百的热情都投入了那个在所有人看来都太过于遥远的梦想，他坚信自己能够成为人类移居外星球计划的实践者。而这个梦想起初不过源于其少年时读过的科幻小说。小说的情节，让这个喜爱太空的孩子开始按部就班地实践自己的夙愿。没有人会想到，若干年后，他能凭一己之力，将私有企业的宇宙飞船送上太空，也没有人会想到，他真的在一步步地在落实这个计划，不计成本，也不问得失。

不论是框架还是细节，马斯克都是个完美主义者，但这种尽善尽美从来没有令他胆怯。大胆的尝试，不计成本的实验，他忘记了别人眼中的评判，也不去思考失败会给自己带来的后果。在他的心中，一切只是为了成就一件自己最想做的事，也正是秉持着这样的心流，他的灵感和创造力，如活泉一般奔涌而来。

虽然这样的人，常常被视作疯狂的勇者，但那又有什么关系。人生本就是自己陪伴自己的旅程，只要你觉得幸福，就请带着身心的能量，让心流助你让梦想照进现实！

战略心法篇

第七章

体系公式:
关系网络+认知变现+持续行动=
不断晋级的人生

想成功？巧用人生的三大杠杆

有这样一句大家耳熟能详的名言，叫作："给我一个支点，我能撬起整个地球。"人即便再强大，也无法超越自己生而为人的边界，想要以有限的精力，获得巨大的成功，就需要我们在学会借力的同时用些巧劲。它就是杠杆，是我们人生的助力，也是我们随时都可调用的潜在资源。

这时你肯定会问，具体可利用的杠杆究竟有哪些呢？

第一种：团队杠杆。

对于想成功的人，自己能力再强，也不能走"独狼路线"。一个人作战看起来战斗力十足，却很容易受到时间和空间的局限。这时就需要发展团队来为自己助力。但经营团队，是要讲智慧、懂原则的。团队里的成员，不仅仅是你手下的兵，还要是各个都能独当一面的得力干将。这就需要对团队理念进行系统的梳理和了解，制定出一套切实可行的战略方针，既要对成员的行动力、执行力给予奖励，又要对他们的创造力、创新力加以点拨。

唯有团队成员各司其职、协调配合，才能在凝聚力量的同时，将企业愿景落地。

第二种：产品杠杆。

不管你想做什么，秉持怎样的伟大愿景，都要尽可能地把它设计成产品。从个人发展规划来看，把自己当成产品运作的人，往往要比只想找一份工作的人，更有发展前景。

产品是对标需求的，同时也是对标客户感受和服务的。为了能够将产品打造成"爆品"，就需要产品研发者精准地锁定客户资源，洞悉客户的需求，这是一个漫长的信息积累过程。

当这些信息从庞大的信息体系中被提取出来时，一个备受消费群体青睐的优秀产品，才会在重要信息的驱动下，在创意思想的鞭策下应运而生。

第三种：资本杠杆。

想要做成一件事，单单有方向、有愿景是不行的。人与人之间的能力差别其实并不大，左右人们命运的一大核心要素，就是看你手里有多大的资本。对于年轻人来说，即便手头积蓄不多，但青春也是一种资本。对于刚创业的人来说，虽然公司刚刚起步，但自己的团队就是资本。对于一个有广阔人脉的人来说，虽然自己在领域中算不上顶尖，但手头的人脉网络也是资本。对于一个具有精湛技术功底的人来说，只要自己的领域尚未被科技取代，自己的技能也可以算资本。

很多人一谈到成功，总是抱怨自己手头没有资本，却从来没有真正考量过自己拥有的，也不曾在意过自己身后的资源。于是眼睁睁地看着别人，拿着手头的资源取得巨大成功，自己却对所拥有的一切视而不见。为了不让这样的悲剧发生在自己身上，不如现在就拿出一张纸，把自己的资源罗列一下，使它们能彼此衔接，从而构建出属于自己的成功闭环，说不定会有意想不到的灵感和收获。

事实上，杠杆的确能帮助你获得巨大的成功，但想用好它，也不是件容易的事，你需要拥有强大的能力内核，将所有杠杆的作用无限复制和放大。当这些杠杆在系统的支撑下，无限地扩充力量时，你也就拥有了成功的可能。这必然是一场自己与自己的强悍对决，将一切变革重组，谁能更好地撬动杠杆，谁就抢占了成事的先机。

成事必修课：借势、造势、成势

很多朋友问我："老师，人的一生怎样做才能成事呢？"我觉得若是想凭一己之力成事，过程肯定是相当艰难的。即便你再有能力，没有机遇、没有助力、没有资本、没有贵人，路也同样会走得很艰难。

所以，人生的优选，就是经营好自己的"势"，时机不成熟的时候动心忍性；时机成熟时，便顺势成就事业。起初势单力薄，肯定是要等待机会、创造机会的，若是此时懂得一些"成势"法则，人生的旅程会少走很多弯路。

那么怎么做才能更有效率地成事呢？其实只有六个字：借势、造势、成势。

第一，势单时借势。

我有一个朋友起初做生意的时候资源有限，有一次见客户谈及他们领域中的核心生产力，对方随口提到一个业内的精英，他一脸惊讶地说："啊，您也认识他，我跟这个老师打过几次交道，也算是半个熟人，我觉得他的创新理念很值得借鉴。比如有一次在我们共同参与的工程中，他就对技术内容有过这样独到的见解……"他侃侃而谈，对方听得也是津津有味，结果就因为借了这个精英的"势"，对方最终与他签下了一笔大额订单。

还有一个朋友是个互动高手，一次开会时，上级领导提出了一个很尖锐的问题："你们技术部究竟采取了哪些改进方案，这些举措真的靠谱吗？""我知道您一定很着急。"面对压力他毫无惧色，"关于这个问题，我上次带着技术总监专门和大领导一同探讨过，他对产品技术的细节提出了很多专业性的问题，所以我们对方案的研究也是丝毫不敢马虎，很多地方都是与大领导达成了共识后才运作的，现在客户已经看到了我们的初步方案，并对里面的细节给予了高度评价，尤其是我们产品技术总监一流的技术水准赢得了客户的青睐。现在就让我们的技术总监针对技术研发的思路，跟您进行一下更细致的讲解。"

他巧妙地借了两个重要人物的东风，对上，有大领导的认可，对下，有总监无可挑剔的技术功底，而自己在中间优秀的协调作用，也随着流畅的阐述表现了出来。由此可见，越是在势单力薄的时候，越是要努力学会借势，这样不但能给自己加分，还能助力工作达成事半功倍的效果。

第二，资本到位时造势。

经常有人问我："老师，怎么造势？"其实造势最核心的，就是先知道自己有什么，如何运用好手头的资本，让它们在正确的时间、正确的节点，发挥出举足轻重的作用。

我有一个做市场营销的朋友，经常会遇到关于"成功造势"的问题。他手下有很多资源，而用户常常会在谈判中提出各种各样不合理的要求。这时他便会很自信地对对方说："当下的我们，全国至少有一千多家门店，而且都开在寸土寸金的好地段；我们的产品，都是由当下的一线明星做代言，由最具竞争力的市场操盘手在做运营。很多企业与我们合作，不求盈利，单靠资源置换就能赚得盆满钵满。所以，遇到我们这样的合作伙伴，您真的不应该错过，因为我们所能提供的，是很多小公司努力十年都赚不到的。"

话说到此，创造的势能优势瞬间深入人心，对方开始意识到，站在对面的人，不是来跟自己谈生意，而是谈合作的，后续所有的流程便在这样巧妙的造势下，顺利地谈成了。

第三，机遇成熟时成势。

曾经网络上流行这样一句话："站在风口上，猪都能飞起来。"这个世界上有很多优秀的人，却并未成为大家眼中的成功者，主要原因就在于他们没能真正地识别机遇。

曾经有个帅小伙，起初是在化妆品专柜做销售。随着企业将销售方向转到了直播营销，小伙子凭着多年的销售经验，以及良好的口才和形象，从默默无闻的员工，摇身一变成为坐拥千万粉丝的美妆大咖。于是，一个曾经在商店广场奔波的年轻人，在机遇成熟之时牢牢地把握住了自己的命运。

对这种转变，他是这样说的："其实我的成功也不是一蹴而就的，在这段漫长的销售生涯中，我努力地学习化妆技巧，努力地研究营销知识，进行实战演练，我会不断观察客户的偏好和需求，并对这些内容以及产品的特质进行深入的研究。也就是因为有了准备，万事俱备的时候，我才活出了一个不一样的自己。"

了解了上述的势能三部曲，你是不是也应该对自己的人生有所计划了呢？成功在于准备，人生重在经营，在正确的时间做正确的事，你就是自己人生最好的CEO。

人生两件事：和谁一起生活，跟谁一起做事

曾经有个做人力资源的朋友对我说："找工作就好像找老婆，选择了一份工作，就选择了一种生活。"于是我就想，人的一生究竟做成哪几件事，才能拥有更理想的生活呢？想来想去，只有两句话，那就是："选最合适的人一起生活，跟最厉害的人一起做事。"

我常常跟身边的女学生讲，恋爱和结婚是截然不同的两码事。恋爱的时候，男孩子哄着你、宠着你，陪你吃大餐，陪你买衣服，只要你愿意嫁给他，几乎是你让干吗，他就跟你去干吗。但是结婚以后，这些华美的乐章就会告一段落，倘若这时两个人没有更深度的交流，很可能绑在一起就是同床异梦。

结婚很可能是半辈子的买卖，一锤子敲下去，某种意义上便定性了你的生活。他抽烟，你得忍着；他没钱，你得忍着；他脾气不好，你得忍着；他袜子乱放，你也得忍着。之所以本来很漂亮的女孩子，几十年后却差异悬殊，很可能问题就出在婚姻上，过得好的，眉头舒展依旧漂亮，过得不好的眉头紧锁，一看就知道家里有一脑门子官司。倘若这样的选择，终将影响自己的一生，宁可一个人也不要随便凑合，因为接受一个人，不仅仅是接受了一段婚姻，同时也接受了自己半辈子的生活状态，到时即便是想要改变、想要反悔，所要付出的惨痛代价，很可能是超乎自己想象的。

人生的第二件事，就是要找个厉害的人一起做事。

有个精明的小伙子告诉我，他每次选择跳槽的时候，首先看的不是公司整体的业绩水准，而是自己所分配到的部门领导是不是做事的人。有的领导招聘员工，其实就是想找个任由自己支配的老实人，不用多能干，也不用有什么特别有见地，老实就行。若是这样，薪资给得再多，也不要轻易地去尝试，它不但不会给你的职业发展带来任何助力，还可能在不经意间令你深陷泥潭。

所以在选择领导的时候，一定要准确地分析他的人品，同时对他之前的履历进行一个更为细致的权衡。比如，他之前的手下，如今都在哪些企业，担任着怎样的职务。他是不是一个富有个人魅力的领导者，为人严谨还是为人豪放，完美主义还是大大咧咧。然后与自己的职业发展需求对号入座，看看他是不是自己正在寻找的那个 MR. Right。

刚才说到的那个小伙子就在这方面做得非常到位，他选择的领导曾经培养了好几个 500 强公司的执行副总裁，而手下的员工很少有过早离职的想法。于是，他果断地拒绝了好几个大型企业的 offer，一门心思要进入这位领导所在的部门。果不其然，这个出色的领导给了这个小伙子很多的锻炼机会，而且他答应的事，一定会贯彻执行。于是慢慢地，小伙子在历练中慢慢崭露头角，最终在领导单干的时候成了其第一个战略合伙人，如今小伙子已经做到了销售副总裁的位置。

生命的历程无外乎两件事，那就是找准对的人，和他一起做对的事儿。所有的事儿都做对了、做好了，整个人生有起色了，你才会知道跟厉害人做事，跟舒服人生活是多么重要。很多时候，并不是因为你能力不够，而是因为你选人不当；不是因为你不够努力，而是因为你还没遇到一个可以助你实现的人！

"瞎折腾"和"会折腾"是两码事

"人生短短几十年，就应该好好折腾折腾。"一个学生信誓旦旦地说，"所以我要创业。""嗯，人生是得折腾，但不能瞎折腾，这个世界上每天都有数不清的创业者，但真正赚到钱的却是凤毛麟角。你知道为什么吗？"我问道。"为什么？"学生看着我一脸疑惑地问。"都是像你一样，脑袋一拍就带着钱去创业的。"

举个简单的例子，有些创业的小公司在创业初期就想打造经典"爆品"，不看数据，只凭感觉，脑袋一拍，就按照自己的喜好去设计产品，精心打磨，结果呢？投入市场，消费者根本不买账，问及原因，产品距离自己的生活太远了，根本就没有什么价值，于是"爆品"没出来，库存成了废品，卖也卖不出去，清理也不知道该怎么清理。

其实这样的事情，并非仅仅发生在小的创业主身上，大规模的公司也会犯类似的错误，因为看不准市场，没有进行细致的分析，盲目地投入以后，发现自己生产的东西瞬间成为无人问津的垃圾，少则几千万、多则上亿的投入顷刻间就打了水漂。

其实会折腾的人，都会用审慎的态度去经营自己的产品、运作自己的人生。他们可能会在创新这件事上保持着理性而保守的态度。即便是创意的雏形已经形成，也并不急于投入市场，他们会不断对自己的想法进行市场验证，直到一切准备就绪再投入市场。

有些创业初期的人，尽管他们对自己所研发的产品深信不疑，但若是没有百分之百的把握，他们就会在另一个分支平衡风险，随时给自己留好后路。比如有些创业者，会一边在稳定的分支上进行技术研发，先将稳定的收益牢牢地把握在手里，再用自己盈利的一部分去进行新领域的探索、研发、验证和实验。这样即便是新产品上市后情况并不理想，也不至于没有一点翻盘的余地。

除此之外，很多创业者在研发新产品的时候，都会在保留畅销产品重要元素的基础上，对自己的产品进行升级、改造和完善；而不会脑袋一拍，大刀阔斧地从零开始。按照我的一个朋友的说法："初来乍到，要做的就是一个字'跟'，人家的品牌已经根深蒂固，产品早已深入人心，你刚一上来，就给全盘否定了，你以为你是谁？创新嘛，就是要在跟的过程中不断总结完善，成了气候以后才有资格谈改变。"

有些人脑袋一热，就开始创新，结果除了创伤什么都没留下。

有人将资本投入毫无意义的营销，结果宣传做了一大堆，别人却连他的产品都不知道。"瞎折腾"和"会折腾"是截然不同的。若你还不知道水有多深，那不如就先放慢脚步，细心观察，扔块石头探探路。创业是为了赚钱而不是炫耀，若是一味地冒进，将资本胡乱投放，最终心中所想与现实世界将背道而驰。

盲目学习，盲目行动，等于浪费光阴

"为什么我这么好学，生活还是不见起色？"一个学生抱怨道，"我已经很努力了，比很多人都要努力，为什么还是把生活过成了一地鸡毛？""那你告诉我，你都学了些什么？"我一边看着他，一边好奇地问道。"我学了市场营销，学了 3D 动画，学了建筑师，学了电影剪辑……"他掰着手指数着，"很多东西呢。""可是这些内容之间并没有什么联系啊！"我说道，"这样盲目地学习，学习再多，又能对你的事业产生多大助力呢？"

现在很多年轻人会盲目学习，每天不是在考证，就是走在考证的路上，他们将辛苦赚到的工资省下来投入学习，本来是件好事，却发现自己学了半天，根本没有用武之地。这样盲目地行动，费时费力，几乎等于白白地浪费光阴。

我有一个学生就犯了这样的毛病，他的职业是个电脑程序员，一下班就马不停蹄地往家赶，说自己还有好几门课程要学，两小时学平面设计，两小时学文案创作，另外一个小时学商务管理。几个月下来，工作频频出错，精力越来越差，所学的东西在工作中根本派不上用场，最终老板对他说："每天这么学习太辛苦了，你不如干脆脱产去学吧。"就这样，因为盲目地学习，连工作都没了，他不知道问题出在哪儿，一时间不知道是该转行，还是彻底放弃学习。

还有一个学生则比他聪明得多，在公司从事文案策划工作，每天上班兢兢业业，回家以后，就有针对性地提升自己的写作功底，学习自媒体运作，设计自己的课程，学习撰写营销方案。很快这些东西在工作中被利用了起来，她的能力不但让老板刮目相看，还让自己的副业也做得风生水起。

由此看来，一个人成不成功，可能不在于你有多努力，而是要看你有没有敏锐的眼光，有没有精准的定位和策略。人生有限，学海无涯，但倘若想学的东西无法与自己的生活和工作接轨，即便付出再多的努力，又有什么意义呢？人生最怕的不是不学习，而是盲目学习；生活最怕的不是没有行动，而是持续地盲目行动。

那么究竟我们应该怎样有针对性地选择？如何以更有效率的方式面对自己的生活呢？我的建议是：

第一，给自己一个人生定位。

问问自己，此生你最想成为什么人，你最想从事的职业是什么，想达到的职业高度是什么？之后看看你所青睐的职业需要掌握哪些必备的技能。然后有针对性地对这些内容加以学习，这样不但可以更好地助力你达成职业目标，还能帮你理清思路，努力成为自己最好的样子。

第二，找出错过一定会后悔的事情。

以我个人举例，我曾经问过自己这个问题，那些不必要的学习项目，就在顷刻间淡出了我的视野。生命有限，要抓紧去完成那些自己最想做的事，若是因为无用功荒废了光阴，自己早晚有一天会后悔的。

生命诚可贵，时间价更高，总有一些诱惑会将我们从正轨拉向别处，学习的目标若不是兴趣所在，那就应该更好地为我们的人生服务。若是在学习上过于盲目，可就要小心时间的白白流失喽！

第八章

机遇运营:
吃下"确定性"的强心丸,
将"胜战"进行到底

当眼睛一味朝向结果的时候

前几年，关于领导力的书籍一直在讲的是"领导要的永远是结果"。所以不管你爬过了几座山、蹚过了几条河，到交作业的时候，一定要有一个看起来还不错的结果。只是多少人被结果效应影响，出于畏惧失败的本能，每天小心翼翼地走流程，祈祷最终结果万无一失。他们内心总是忐忑的，忐忑得没有心情欣赏自己的作品，忐忑得将所有工作当成压力。

听过这样一个故事，有个圆每天疲于赶路，每天飞快地滚到山上，再奔命般地滚到山下，除了马不停蹄地向前跑再没有其他。直到有一天，一块石头磕掉了他身体上的一角，他的速度慢了下来，失落地面对残缺的身体，不知道该怎么继续。此时身边来了一个刺猬，搭话说："虽然你缺了一角，但正好放慢速度看一看身边的风景，仔细去聆听鸟儿以什么样的语调歌唱，这难道不是生命的奇遇吗？这样的日子不是很好吗？"缺角的圆听完，嘴角露出欣喜的笑意，他用缺角做支撑，与这位朋友同坐在夕阳下聊天，所有美好就在缺失一角的瞬间不期而至，他成了众多圆中最幸福的一个。

人生有很多时刻，难免都要为结果而困扰。小时候觉得，如果自己考不了一百分，就算不上班里的学霸。结果毕业后，还不是将大部分知识还给了老师，经历社会摔打时，也没有谁会炫耀当年三好学生的骄傲。上班后，面对老板，总觉得达不到他的要求就是自己的失职。结果老板的思路也未必全都正确。

我始终坚信，每个人都肩负着使命，而使命的真义是体验而不是结果。

如今很多企业对结果的态度都发生了翻天覆地的变化，在他们看来，失败未必是什么坏事，其中说不定还隐藏着无限可能。他们会公开地对出现的问题进行讨论，看看在失败之外，还能不能挖掘出其他更有价值的东西。他们会分享自己的经验，耐心地分析失败的每一个细节。之后，可能会惊喜地发现，这个过程中产生的想法和经验，都将随着新一轮的创新绽放出别样的火花。

有个高管朋友，回忆当年给予自己第一份工作的老板时说："那天，我因为失误酿成了一个很严重的错误，当时很紧张，心想工作肯定是保不住了。但最终还是鼓起勇气推开了他的门，他听了以后，沉默片刻说：'你觉得你从中学到了什么？''我觉得整个流程应该更简化，这样失误就会降低……''嗯！不错，去设计个方案给我。''然……然后呢？老板……我……''什么然后？做个方案给我！'之后我绞尽脑汁结合自己的错误做了一个细致的改良方案。他看了以后很高兴，还特别组织会议探讨这个方案。'我觉得这个失误很好，它让我们看到了自己的问题，这份方案还可以进一步地优化，大家看看有什么想法和建议？'就这样，他自始至终没有要惩罚的意思，我也因此在他的带领下受益匪浅。"

倘若人生终要面对各种结果，那就不如先向内挖掘，认真欣赏自己学到的一切。用心地经历吧！不计成本的感受吧！当一切恐惧消散，思想开始活跃时，那个比预期更好的结果，便将与你不期而遇。

别再用痛苦拼凑你的完美主义了

一次和朋友聊天，他向我咨询了一直以来的困惑："你说为什么很多事，明明想去做，却要一再地拖延？要说我这个人也算不上懒，也不知道怎么了，愣是被这么个拖延给整了！"基于我对他的了解，经过一番细致的思考，我告诉他："其实你的问题不在拖延上，而是心中的完美主义，但凡不能做到百分之百的事，都会导致行动上的拖延啊！"

现在有拖延毛病的人很多，很多人觉得是懒在作祟，但事实可能并非如此。很多心怀创新梦想的人，在获得灵感启示以后就陷入了狂喜，而狂喜之后又变成了无法落实的恐惧。"如果系统出现问题怎么办？""如果流程不够完善怎么办？""万一出现问题，钱赔光了怎么办？""都还没准备好，还是先放一放吧……"

即便是拖延，也要有一个确切的截止日期，否则很可能一拖就是一辈子。心里若总担心成败，必然就会被成败所束缚，被失败的恐惧挟持，创意的活力就无法得到长足的发展。在很多人的心中，成功才是生命中最重要的事，而当我们将注意力过分专注于成败的时候，那些好点子、好创意，就可能随着这股成败的紧迫感与我们失之交臂。

从心理学的角度来说，真正能够挑战现状的人有两种：一种是战略性的乐观主义者，他们在面对挑战的时候，永远做着最好的预期，并以冷静的态度为自己设计出较高的期望值；另一种是防御性的悲观者，他们总是做最坏的打算，想象每一个可能出错的细节，焦虑地祈祷："千万……千万别出意外！"这两种人都能够以自身的能力改变事物，只是第一种要比第二种更有活力。

一个人步入成年的一个非常重要的特质，就是敢于面对世间的变动。所谓计划赶不上变化，总有些新的改变是我们始料未及的。正是因为世界产生了变动，才有人因这些变动而创造出了时代最需要的产品。

所谓的完美主义，无外乎就是想给自己的人生多上一道保险。很多人因完美主义而一味地拖延，而有些人却在一边实验一边学习中踏上了一条属于自己的创新之路。对他们来说，虽然种子落到哪里由不得自己，但只要能落进土壤，便可在适应与创新中发芽。

所以，别再纠结于你的完美主义了，打出漂亮的组合拳，带着孩子般的好奇心一步步地去探索和尝试，不断验证自己的想法，这样的行动未必就要背负沉重的负担和风险。

用"三个问题"提升认知高度

曾经在一本书上看到这样一个故事："二战"时期有一个神父，在赶路途中经过一个哨兵站岗的营地，对方见是个陌生人，便很不客气地端起枪对准他说："站住，告诉我，你是谁，到哪儿去，为什么会出现在这里？"要说一般人，看到这个架势，肯定会被吓个半死，而这位神父却带着惊喜的表情对对方说："孩子，在这里当兵每月薪水是多少？""二十卢布！怎么了？"哨兵一脸纳闷地回答。"哦，没什么，如果你能在我住所旁边，每天也用这样的架势对我提出这三个问题，我愿意支付你现在三倍的工资。"

迄今为止，你有没有想过自己是谁？想成为谁？人生旅程的终极目标是什么？一个人只有知道自己是谁、想成为谁，才知道自己将去往哪里。自此，他们的分分秒秒都将更有针对性，都将遵循自己的计划和初衷，于是，心中的蓝图将一步步地被勾勒出来。

曾经有个学生对我说："老师，您说对人生负责的表现就是要不断地向自己发问，可哪儿来那么多问题啊？"我听了笑笑说："那我就勉为其难地问你三个问题吧！但愿能助力你的人生不再迷茫。"听到这话，他自然很高兴，身板坐得笔直，俨然已经准备好了。

"首先问问自己，你是谁？你应该是什么样子的？""我啊，不就是一个小程序员，每天吃着清水白菜，心无旁骛地写着代码……其实我想成为的是一个计算机专家，那应该很酷吧。""第二个问题，你在做什么？能为自己做些什么？""哦，我每天除了上班就是打游戏。这个职业据说每天都要持续学习，如果想成功就要持之以恒地为自己充电，这可能意味着我从此没什么休息时间啦。""第三个问题，你觉得自己要完成计划该做点什么呢？""嗯……我首先必须丢掉游戏，在计算机领域持续探索，我可能要听很多课程，跟行业中的高精尖人才进行接触和交流，或许还应该去学校进修，这样才有可能获得职业以外的晋升机会！""这不是很好吗？"我说道，"对自己所要做的都很清楚，那么是不是应该采取行动了？"

人生难免经历迷茫，但倘若可以冷静下来多问自己几个问题，说不定思路就会在顷刻间变得清晰。这或许就是一个人步入成熟的标准，经历无数次的自我提问，一步步地积累能量，奔赴一轮又一轮的全新挑战、一段又一段的锦绣前程。

反省+复盘，步步为营才能步步为赢

这个世界没有常胜将军，所以想要让此生走得更好，只知道前行是远远不够的，明白自己每一个举动产生的因果，不断反省后得出结论，才能在看清真相的同时，更有效率地走好人生。

然而，很多人在生活中都忽略了反省和复盘这一重要环节，对他们来说，每次自我反省，就好像是参与了一场针对自己的批斗会。我的一些学生痛苦地说："老师，真的继续不了了，再继续下去我就会把自己批得一无是处。"每到这时，我都会鼓励他们说："反省和复盘是总结经验，又不是人身攻击，虚心地看清问题，接下来就好好改不就行了吗！"

曾经有一个特别善于反省的朋友对我说："你知道吗？反省真是个好方法，我心中的问题基本是这么被解决掉的。如今一天不做这门功课浑身上下都会觉得不舒服，就好像一整天没有洗脸刷牙一样。"于是我就问他："那你传授点经验，究竟应该怎样进行复盘和反省呢？"他很兴奋地说道："比如有人今天和妻子闹了不愉快，很沮丧，晚上复盘就可以是这样的……"他拿过一张纸，认认真真地将流程写下来，大概内容是这样的：

日期：×× 年 ×× 月 ×× 日

核心问题：我跟妻子闹了不愉快，很沮丧。

复盘对谈：

1. 你为什么会跟妻子闹不愉快，自己又为什么沮丧呢？

答：因为今天是结婚周年纪念日，她希望我跟她去吃烛光晚餐，但是工作实在太忙，老板让我加班。我已经这么累了，她还埋怨我，给我脸色看，所以我很沮丧。

2. 那妻子为什么这么在意这次烛光晚餐呢？

答：因为这是我们结婚五周年纪念日，她希望能隆重点。

3. 那结婚周年纪念日为什么要那么隆重呢？

答：因为她希望通过这种方式证明我还爱她。

4. 那你觉得她因此跟你闹不愉快合理吗？

答：或许也有一定道理吧！

5. 那你为什么要选择在这一天加班呢？

答：我希望在工作上积极表现，升职加薪，这样才能给家庭带来更好的生活。

6. 那你为什么想要给家庭带来更好的生活呢？

答：这是男人的责任，希望这样能够让妻子更安心。

7. 那你觉得你们之间的感情有问题吗？

答：冲突不在这里。

8. 那你觉得冲突在哪里呢？

答：表达爱的方式。

9. 为什么你觉得结婚纪念日加班是有道理的？

答：其实也不是有道理，只是老板让加班我就加了。

10. 为什么老板让加班你就加了？

答：也没有想太多，可能我没有照顾到妻子的感受吧！

11. 那就是还有可改进之处，是吗？如果有下次，你觉得该怎么做呢？

答：节日永远不缺席，尽可能调整工作节奏，拿出更多的时间陪她。

12. 为什么要拿出更多时间陪她呢？

答：因为她觉得家人在一起才是最幸福的。

13. 那你在这个过程中会沮丧吗？

答：不会。那是很幸福的。

14. 所以问题解决了吗？总结一下思路吧！

答：好极了，我知道我们感情没有问题，是彼此关注家庭的侧重点存在差异，我们应该针对这个问题进行交流。我也应该拿出更多的时间陪伴家人，尤其在这样的节日，绝对不可以缺席……

"这是一个对日常生活友好的分析方式。"他很确定地对我说，"并没有贬低个人，也不存在冲突否定，你放下情绪，一步步地分析自己生活中出现的问题，这样凌乱的思路才会在梳理的过程中沉淀下来，而需要解决的问题，在这样清醒的认知梳理下，很可能就已经算不上问题了。"

尽管生活时不时地会甩给我们很多困惑，但如果能像认真完成作业一样不断进行系统分析和冷静思考，说不定就能从中获得意想不到的宝藏。当所有的冲突被化解、思路更清晰时，再进一步行动，就会显得更有针对性了。所谓"步步为营""步步为赢"，便是使用好自省这一工具，次日醒来时，便会拥有一个清爽明快的早晨。

故事效应，快把你的沟通对象带入场景吧

我们每天都在经历这样那样的事，但每到回忆细节的时候，却发现记得的东西屈指可数。很多人苦口婆心跟我们说了很多的话，结果我们这耳朵进那耳朵出，听了半天好像什么也没记住。有些人很会分享，当时我们听得也是津津有味，可几个月过去，就什么都想不起来了。有些课程内容很精彩，有些书籍观念很新颖，自己做了好多笔记，结果几天不翻，连自己写了什么都想不起来了。这样的事是不是经常会发生？

我们不可能把所有事情记得清清楚楚，但总有那么一些内容，会伴随着鲜活的场景和有趣的故事，被一字不落地记录下来，连我们自己也不敢相信。其实，人的记忆始终是有选择的，直白的语言在进入大脑的时候总是苍白的，但是倘若传输的信息有生动连贯的故事作为支撑，而且情节特别生动有趣，大家很自然地就记住了，而且每次回忆的时候，都能够直达精髓。

故事绝对是一种极富吸引力的表达方式，它不但能够让接收到

信息的人记忆深刻，还能使内容得到广泛传播。

这世间的一切可以说是由一个又一个故事串起来的，人们在生活中不断经历，也在经历的过程中一步步地寻觅经验和真理。故事能让人轻松地进入场景，在脑海中形成声情并茂的影像，从而加深印象，并在这种印象的延展下，增进人们对内容的认同和理解。如此一来，人们在故事的推演下思考，在故事的情节中推敲，学到自己想学的东西，却无须承担过重的压力，这样的沟通自然会比平铺直叙好很多。

所以，如果有些话不知道如何开口，如果有些内容怎么讲都讲不透，如果希望对方能够记住你讲的东西，不妨从现在开始，告别老套的沟通方式，设定有趣的故事情节。

第九章

语言策略：
学会沟通，让你传递的信息价值
百万

情商高，说话时多说"我们"

记得一次跟我的老师聊天，我问他："怎样才能在任何情况下都做到如鱼得水？"他想很久才说："那就在任何情况下都让对方认同你和他是自己人。"

很多人急于表现，语言里只有自己，在他们的语言里，永远是："我觉得……""我认为……""我其实……""我就是想……"得到的反馈很可能就是："这人怎么那么霸道啊，永远都不考虑别人的感受。既然如此，我又为什么要考虑你的感受啊……"于是不欢而散，这是何苦呢？

除了以自我为中心的沟通方式，有人采取的是另一种社交模式。在他们的言辞中永远是："你觉得……""你以为……""你应该……""你怎么……"眼瞅着就是把别人往自己的对立面上推。别人的反应只能是："合着都是我的问题，是吧？"于是，本能的逆反情绪使得谁也不让谁，非得把主要责任扣在对方身上才算。

前段时间，我朋友的孩子期末考试成绩不理想，本来是想去老师那里了解情况，结果没说几句，就和老师杠上了，回来和我发了好一通牢骚："现在这些老师都怎么回事儿，我才说几句就开始噎人，要是以前我非给她点颜色看看不可。"于是我就问他："你是怎么跟人家沟通的呢？""我很客气啊！"朋友说，"我就说我儿子现在学习成绩这么不好，您能不能告诉我究竟是什么情况导致的。这不是很正常吗？""难怪！"我摇头说，"是你儿子成绩不好，你这做家长的见到老师好像要兴师问罪！要换作我，也不愿意跟你好好说！""我能怎么着，我们这些做家长的能怎么办啊？"他边说边冒汗，感觉受了极大的委屈。你得把句子中的这个'您'改成'我们'，和老师站在同一战线，这样问题才能更好地解决啊！""听你这么说，我就明白了。"朋友会心一笑，终于知道问题出在哪里了。

"领导，这次业绩完成得不好，您给个建议，我们这些做下属的该如何更好地推进工作？"

"老师，这次我孩子成绩不理想，请问我们这些做家长的该如何改进，更好地配合您的教学工作？"

"哎呀！出问题了，你说下一步咱们该怎么办呢？"

此言一出，对方就会意识到，你是真心地想和他一起解决问题。一句"我们"，这是第一步，划分了责任关系，这件事问题在"我"而不在"你"。第二步就是要告诉对方，我真心需要你的建议和帮助，因为我把你当成了自己人。

这样一来敌对情绪没有了，对方会站在最专业的水准和角度给你提出建议，说不定还会当成是自己的事来对待。这时你就可以说："啊，虽然给您添了不少麻烦，但大家都是想更好地解决问题，您这么一说啊，我心里就有谱了。""实在感谢您的建议，咱们一起努力，但愿孩子的成绩会越来越好。""啊！领导你的想法太好了，那咱们就团结一致，将一切好好落地。"

改变了语言模式，大家就成了利益共同体，你就因此获得了最具专业性的建议。这是人与人交往中最具里程碑意义的蜕变，若是走到哪里都能凭借"我们"交到朋友，想做的事还有什么做不成的呢？

好好道歉，也不是件容易的事

曾经有人跟我说："这世界上没有几句道歉是带着百分之百的诚意，有人以圣人自居，有人憋了一肚子的怨气。"不难发现，很多人面对别人的道歉时，很难抑制心中的情绪，要么当场发作，要么别扭地接受，那种拧巴的感觉，真是要多难受有多难受。

由此看来，道歉也真不是件容易的事儿，到底怎么做才既不会招致对方的拒绝，又能让彼此之间的关系得到缓解呢？在回答这个问题之前，先让我们一起来看一下很多人道歉时的问题出在哪儿！

有人道歉的时候会说：

"你千万别生气，我错了还不行吗？你大人有大量，千万别往心里去。"

还有人说：

"我知道我错了，都是我的错，你怎样才能不生气？"

毫无疑问，这不是道歉，而是"火上浇油"，话中的一字一句似乎都有着另外一种潜在含义："其实我没错，就是为了安慰一下你，所以才承认自己错了。""说你大人有大量了还不识趣，你就是小肚鸡肠。""我只要说我错了，你就不应该再生气了。"

……

想想吧，这样的道歉，会产生什么样的后果呢？

其实道歉的本意无非是"我错了，你是对的"，但最正确的道歉模式，不只是要对你过去的行为道歉，还要向对方承诺一个未来的增量。它是一个即时止损、关闭过去的过程，也是一种对未来的展望。

所谓关闭过去，指的就是不管昨天发生了什么，秉持修复关系的原则，希望眼前的诸多问题可以在相对友好的氛围中成功"翻篇"，最好的方法就是与对方共情。全身心地理解他，不再提出反驳意见。比如，我们可以把上面的道歉改为："虽然我不知道自己还能做什么，但我完全能理解你的心情，不管你怎么想都不为过！""我知道你一定很生气，若是这件事发生在我身上，我也一样会很生气，所以我真的很抱歉，真不知道怎么做才能弥补。"……

如此一来你便是告诉了对方，自己完全能够理解他的心情，正在以最缓和的方式帮助他处理内心的痛苦情绪，这样既助力他发泄情绪，又不至于影响到友谊。自己是在真诚地道歉，而不是以道歉的名义强词夺理。

所谓承诺未来，就是要在道歉的同时提供一个新的方案，比如"不如我们假期去云南玩一圈，那不是你一直想去的地方吗？""不如哪天咱们撮一顿，我听说隔壁开了家越南菜馆不错！"此举就是让对方感受到你想弥补过失的诚意。

除此之外，若是在比较正式的场合，我们还可以以诚恳郑重的方式对对方说："这件事是我没有做好，很多地方都没照顾到客户的情绪。我特别想听听您的专业建议，以便我日后更好地改进工作。"这样的道歉模式，第一步就承担起了自己应负的责任，同时让对方从你诚恳的致歉态度上感受到了起码的尊重。第二步，请求对方提出建议，传达的信息是，我并没有忽略你的感受，我愿意拿出更多时间聆听你的方案，同时我确实是在非常虚心地对自己的错误加以改正。一旦对方愿意提出自己的见解，就说明十有八九他已经原谅你了。

其实道歉并不是件多么沉重的事，唯有真的知道自己错了，才有可能改进和完善。所以，当你用智慧和诚恳道歉时，说不定下一刻，就能从中收获更专业的助力和更好的友谊。

语言是个高级工具，别再只用它宣泄情绪

生活中经常会遇到一些莫名的拷问："小王，怎么这么半天还没把策划案交上来，你工作是怎么做的？""没有啊，您昨天才给我，说周四交，今天才周二……""我什么时候说只能周四交了，有没有点变通劲儿啊！……"究竟问题出在哪儿呢？老板到底想解决什么问题呢？大多数人遇到这样的场景，多半都是如坠五里雾中。

其实这里想说的是："语言是个高级工具，远远不只有宣泄情绪那么简单的用处。"有些时候，语言就像一个包着层层外衣的果核，每往里一步，就有更多的信息和内容。而情绪往往是包在果核表面的信息，因为太容易被触碰，很多人都在触碰的过程中深受影响。

所以在互动的初期，要以冷静的态度分析对方的情绪："他是真的在生气，还是特别着急？""他是故作强悍，还是因选择陷入了焦

虑？""他是真的悲伤，还是陷入了困惑和恐惧？""他是高兴，还是想要振奋人心？"有了最基本的判断，你才能进一步地分析对方言辞中的真实用意。

做出了情绪判断，下一步就是进行自我陈述，秉持时间（when）、地点（where）、人物（who）、事件（what）的四W原则，你可以按照自己的理解将事情的经过进行一个系统的描述。"这是昨天您在办公室给我布置的工作，策划案上交时间定在周四，今天周二，我已经完成了60%。看您这么着急，或许我应该提前完成。"

这时候老板可能会说："整个市场部都在等着你的策划案，一天出不来，就没法落实后面的工作。"这时候他的想法已非常清楚了，第一不是你工作进度的问题，第二他很着急，第三策划案连接着他迫切要落实的工作。这时你就可以说："既然策划案时间那么紧迫，那我就先在大框架上快速落实，至于一些细节问题之后再进行完善，争取不耽误后续的工作进展。不过之前我还有一些其他的工作需要处理，如果您能允许我先完成策划案，可能进度上还会快些。"如此一来，对方就会清楚地了解到，你正在非常努力地配合他的工作，而且提出了相应的解决方案，为了更好地加快进度，你需要他的配合。这样你该干什么，他该干什么就变得一目了然了。

任何一种情绪背后，都有隐藏的内在动机，有人在表达意图的时候思路清晰，有人却只是跟着感觉走，没有及时地说明意图。对于后者，在互动的过程中，就要不断对他的动机进行把握，了解他想做什么，是着急这件事怎么还没有完成，还是觉得你完成得不够出色。若是着急，自然要加快脚步，若是觉得你完成得不够出色，就要放慢脚步，精心打磨，这样才能交出一份更满意的成果。

除此之外，我们需要在自我陈述的过程中，与对方划分责任关系，让对方知道不是你的问题，但是鉴于问题的迫切性，你愿意在调整自我状态之后，更好地配合他的工作。这样一来，后续的配合将会变得默契，老板也在潜意识里改变了对你的态度。

看看吧，只需将语言的表述稍微调整一下，整个工作的状态就变得通达顺利了。细心地优化自己的语言模式，以最有条理的方式进行沟通，不但能够使你与他人之间的交流更加顺畅，还能在坚持原则的同时，为后续的人生带来更多的助力和支持。

当交谈陷入瓶颈的时候……

曾经有个学生问我："老师，怎样在交谈陷入瓶颈的时候避免尴尬？深陷沟通的瓶颈时，谁都不愿意让步，若是再向前一步，肯定要不欢而散，可要想更进一步地阐述自己的想法，该怎么做呢？

其实解决交谈瓶颈的方法有很多，最恰当的表达只有两句话，一句是"这是个思路"，一句是"确实很有启发"。这两句话既没有评判对方的建议，还可以进一步地阐述自己的想法。比方说现在大家在探讨一个行动方案，你的想法是从广州直飞上海，而身边人却有不同的建议："广州有什么好玩儿的，离它很近的珠海才有意思，不如到我们到珠海深圳玩一圈，再坐飞机去上海吧。"这时候你就可以说："这是个思路。广州这个路线上有很多的景区，但咱们只有三天，若是想玩得尽兴，那是在一个城市玩个痛快，还是辗转几个城市呢？"这时候有人说，那就直接去珠海和深圳，那里建设得很漂亮，不亚于广州。""珠海深圳确实漂亮，但咱们团建前的会议定在了广州，不如这次先在广州玩个痛快，下次有机会，再去珠海深圳吧！"这样一来，你先肯定了对方的积极参与，同时你还以探讨的方式与对方完成了进一步的沟通。整个互动的过程没有被动和尴尬，大家始终在积极地探讨问题，尽管最终还是要采纳你的意见，但并不妨碍大家积极地参与，广泛地提出自己的想法和建议。

当然除此之外，更有效率的应对策略就是"四个改变"，它们分别是改变口径、改变时间、改变场合和改变角色。

第一，改变口径。

假如此时的你刚升职加薪，正在办公桌前紧张忙碌。碰巧遇到一个对自己心有不满的同事找你帮忙，若此时只是直白地说句"没时间"，肯定就会给对方留下话柄。眼看交流即将陷入瓶颈，想要缓解互动尴尬，就应该快速地转变口径，用更富亲和力的方式对他说："哎！我就佩服你这样的综合素质特别强的，什么工作到你这儿都能轻松完成。"

如此一来不但僵局打破了，两个人后续的紧张关系也会得到有效缓解。

第二，改变时间。

举例来说，马上要下班了，领导突然叫住你说："小杨，现在业务部急需人，我想给你换一下岗位，你觉得能胜任这份工作吗？"这样的问题若是没有任何心理准备最好还是别草率地回答，可眼下老板正在等你的回复，而你的选择似乎只有"行"还是"不行"。若答案是"不行"，领导肯定会不高兴；但若说"行"，未免也太过仓促了。这时候就可以采取改变时间的策略，对对方说："感觉这个任务好艰巨，这么重要的事能容我考虑一段时间吗？我周一的时候给您汇报，可以吗？"

其实给你多少时间并不重要，重要的是你把握到了一次化被动为主动的机会。突然面对这么个棘手的问题，你回答什么都是被动，但经过时间的转换，把一切想好了，就完全不同了。你完全可以带着你想好的目标、条件、计划和要求，跟领导进行沟通。这样一来，你就从一个被动沟通者变成主动发起沟通的人。而那些因被动沟通产生的尴尬，也就在时间的转化中迎刃而解了。

第三，改变场合。

开家长会时，班主任详细地对全班同学的学习情况做了介绍，便开始让家长们发表意见。你若口无遮拦，直接说出来对方也许会生气。若是此时自己挑班主任的毛病，显然是不给对方台阶下；但若自己的想法不说出来，又难以释怀。眼看沟通遭遇瓶颈，究竟该怎样解决呢？

这时不妨采取改变场合的方式，找一个私下的时间，恰到好处地提出自己的想法，外加调侃式的交谈，这时氛围轻松，也没有别人的打扰，适时地亮明一下立场，即便有说错的地方，也要比在家长会上直接表达好得多。若是双方谈得很融洽，说不定问题很自然地就解决了。毫无疑问，这是个"风险降级"的处理方式，场合的转变成就关系的转变，关系转变了氛围就转变了，而人在不同氛围中的表现，本身就是存在差异的。

第四，改变角色。

人在江湖，身不由己，不是什么问题都可以直接回应的，万一说错了话，轻者结下梁子，重者就是万劫不复。但若是你能快速地进行角色改变，说不定问题就能迎刃而解。

举个例子，领导当着整个部门的面儿对你说："小赵啊，把今年公司客户签单的综合数据跟我说一下。"此时你一是觉得自己在数据整理方面仍有疑问，一是觉得数据很可能涉及机密，但这是领导要求，自己直接回绝一定会深陷尴尬。眼看交流陷入瓶颈，究竟该如何解决呢？

这时候你可以这样说："领导，这个数据可能不适合大范围地公开，您觉得呢？"第一步，你针对问题提出了自己的见解；第二步，你通过角色转换，征询对方的意见。如果此时对方认为公开没有问题，那就不是你的责任；如果对方说："好，你到我办公室来一趟。"那么你这个意见算是提对了。这样一来，你与对方的沟通不但不会变得尴尬，反而会让他觉得你是个在工作上谨慎的人。

我们的生活中可能出现各种各样的尴尬场景，它们常常让我们深陷迷茫，但若是能从现在开始把握好自己沟通的策略，以适合的方式更好地与对方互动，说不定就会惊喜地发现，原来那些藏在言辞背后的危机都是可以化解的。

与其刷"存在感"，不如亮出你的"沟通模式"

有人说，所谓沟通，无外乎就是一种刷"存在感"的方式，其实，沟通包含了心理因素，也包含了无数认知理念的迭代变化。毫无疑问，它远比刷"存在感"更有吸引力，但若是想优化沟通模式，也并不是一件容易的事情。

举个例子，夫妻两个动不动就因为意见不合而吵架，女方怒气冲冲地对男方说："我觉得咱们俩得谈谈了。"男方一看这架势，这肯定是要吵架啊！于是，很不耐烦地道："谈什么谈，有什么好谈的。"开头就不顺利。"现在你是越来越不着家了，家里什么事情都漠不关心，你是把家当成旅馆了吧？"妻子发起攻势，丈夫也一点都不含糊。"你就有资格指责我吗？你可算是家里的花钱专业户，我要是不在外面赚钱，你觉得你能花得那么潇洒吗？""那你知道我一个人在家是怎么过的吗？所有的事情都要我来处理，你就出去上个班，我还得拿你当财神供着啦？""就家里那么点事儿，闭着眼睛干也就两三个小时，连这点事儿都干不好，你还能干吗？我一天到晚累得不想动了，回来还得挨你数落，你要觉得能过就过，过不了明天咱们就去民政局，省得给对方找不自在。"……两个人你一言我一语，问题没解决，争吵得却越来越激烈。

我曾遇到了这样一对夫妇，各自说着彼此的不是，总觉得自己才是最值得同情的那一个。我听了很久才对他们说："其实啊，你们现在所做的一切不是为了解决问题，而是想让对方意识到自己的存在，意识到自己的重要，意识到此时的自己正在为对方做出改变。但是这样一味地刷"存在感"没有任何用处。想解决问题，最先要解决的就是调整你们两个人的沟通模式，通过模式优化，你们不但可以解决彼此最迫切的问题，还可以从另外的角度寻觅到一条更顺畅的沟通之路。"

"都吵成这样了，还有什么模式适合我们吗？"男士有些烦躁地说，"那您赶紧帮帮我吧！"

"其实方法很简单。"我停顿了一下说道，"就先从改善彼此的沟通模式开始吧！"于是我在纸上写下了建议，要求他们根据纸张上的模式进行实践，以进一步完善彼此的沟通。下面就以女方为主角，来对整体的沟通步骤进行系统阐述。

模式一：陈述事实。

女方可以说："最近我操持家务实在是太累了，而你经常不在家。我们之间少了很多沟通的机会，以至于见面后觉得没那么亲近了。"

模式二：陈述情绪。

女方可以说："说真的，每次看到你回到家倒头就睡的样子，我心里特别生气，总觉得自己像下人一样。这样的感觉让我特别痛苦，同时也对我们之间的亲密关系造成了影响。若是再这样下去，恐怕我们的夫妻关系就无可挽回了。"

模式三：站在对方角度阐述问题。

女方可以说："我知道你其实工作挺累的，也是为了这个家，你本性良善，也没有什么歪心眼，这都是你作为男人的优点，所以我觉得我们有必要针对家里的问题好好谈谈。"

模式四：提出建议。

女方可以说："如果你此时感觉特别累，不想讨论这个问题也没有关系。你可以休息一下，等咱们出去遛弯时再说。到时我希望我们都能以更开放的态度，看看怎么做才能有效地解决我们的感情困惑，怎样才能更好地经营家庭关系。你说好吗？"

经过这四个环节的分块梳理，男士终于了解了妻子想要表达的内容，于是两个人和和气气地做了沟通，回家时一对小夫妻已是亲密无间了。

真正厉害的沟通模式，不是为了告诉对方："我在这儿，我在这儿！"而是要让对方清楚地知道："我想为你做什么，而你又能为我做些什么。"这样一来别人的思路清晰，你的目标也明确，大家站在了同一战线上，彼此支撑，相互理解，自然可以走得更好、行得更远。

心理建设篇

第十章

镜子折射：
打破心理屏障，你值得拥有更好的
生活

不敢照镜子的人，内心都习惯逃避

"我的生活如此不堪，以至于照镜子的时候，都不敢直面沧桑的自己，我并不想看到那个被痛苦灼伤的自己，不想看到她的体无完肤。生活已经一次次地打败了我，难道还要通过我的眼睛嘲讽奚落一切吗？"一个学生在经历了情感创伤后，给我发了这样一条微信，"老师告诉我，我该怎么办？我该怎么面对我的生活？"

于是我想了想，发了一条微信回去："如果照镜子都成了你生命的难题，那人生留给你的就只有逃避了。所以……不如花点时间，凝视一下镜子前面的自己，敢于面对痛苦的现实，勇于承担淋漓的鲜血，你才不会再给伤害影响自己生活的权利。一个成年人要接受一切发生的事及其带来的后果。唯有如此，你才能真正成为自己的主人。"

不知道你有没有在每天照镜子的时候，下意识地放慢脚步认真审视自己。多半人没有真正地欣赏过自己。他们的眼睛里充满了迷茫和麻木，要么觉得"你不过就是这么个人……"要么觉得"你为什么活成了这副德行?"时间长了,就再不愿花时间打量自己,更不用说审视自己了。

其实,照镜子对于一个人来说,是一种最为便捷的疗愈,你可以走得近一些,再近一些,看清自己皮肤的纹路,看清自己眼中的暗语。你可以试着向自己问好,然后摸摸自己的头发,抑或是以自己的方式拥抱自己。可能起初站在镜子面前的自己差强人意,但在接受一切的瞬间,你便成了自己亲密的战友。

不妨在家里没人的时候,搬个马扎坐在衣帽间,安静地对着镜子凝视、微笑,然后与自己对谈。不需要太多的否定,不需要尖刻的批评,全然地与自己相处,安静地与自己分享,平静地尊重接受。你可以在想起一段"插曲"时,看着自己哭泣,也可以在想起糗事时紧张地苦笑,随后望着镜中的那双眼睛,郑重其事地表达对自己的期望。

此时此刻,就是最好的开始。你可以对自己说:"我不要祛除我的皱纹,那是在岁月中好不容易长出来的。""我终于可以直面自己真实的欲望,因为想要,所以不要委屈自己。"……

当这种互动变得越来越多时,你就会慢慢发现自我生命的变化,说不定会爱上这种感受。你在不断鞭策自己补齐自身所有的短板,没有欺骗,也没有血淋淋的失衡和诅咒。

就人生而言,通透的内心永远是对自己开放的。你需要感受到不同年龄阶段的活力，需要接受心中的不安，接受诸多的不确定，你要认真地呵护自己，用最温柔的方式体味心中的伤痕和喜悦，然后一点点做出改变，一步步地靠近灵魂深处，靠近内心那个诚恳而真挚的自己。

臣服、慈悲，是爱的真谛吗

身边有很多修行的朋友，常跟我讲服从和慈悲的重要性，他们认为人应该对生命中所发生的一切表示臣服，人生不可以盲目地抗拒，也不可以对别人的所作所为有任性的行动；慈悲就是不断地布施和给予，既爱无辜的众生，也要爱自己的仇敌。

老实说，当时我听到这些的时候，觉得他们的层次实在太高了，要做到也太难了。直到我遇到了一位大师，当时有个人提问："如果我们乘坐的车上来了一伙儿土匪，要抢走我的钱，危及我的生命，请问我该顺服地把钱交出去，以表示服从和慈悲吗？"大师给出了满分答案："你为什么不慈悲地朝着他们打过去，然后慈悲地用这种积极的方式维护你的权益？""我不是要服从吗？我要慈悲地给予别人啊！"对方再次问道。"难道这就不是给予和布施吗？你服从的是你心中的道义，之后又用你的慈悲施与他们应得的教训。这不是很好的一件事吗？"大师微笑着回道。

其实世间最大的慈悲，是一种自由而巧妙的施与，以没有贪婪的心去应对世间的贪婪，以貌似嗔恨的恼怒去应对他人无理由的欺凌。所以，别再迷信过分的忍耐，也别再将耻辱看成一种磨砺自我的修行。臣服和慈悲，从一开始就充满了无限的智慧，真正大慈悲的人，并非所有的时候都慈眉善目，真正大智慧的人，也可伶牙俐齿。也许世间种种的相遇，都是上天赐予你的完美遇见。老天爷带给你的课题很多，但绝对不仅仅是你认为的臣服和慈悲能解决的。

那些被"我应该"伤害到的灵魂

"我知道我这样不好，我也知道我应该做得更好……""我知道我裸辞是对家庭极大的不负责任，我这样做未免太自私了。""虽然我心中有理想，但已经到了要孩子的年龄，有了孩子就应该做个贤妻良母。"……每当我听到这样的声音时，就好似看着一双双无辜的眼睛，拼命地反省自己。

实话说，我们很多时候都在围绕着这样一堆"我应该"打转。

每天因为一系列的"我应该"，觉得自己太自私，不够优秀，不能活成让别人满意的样子，然后很拧巴地度过了不悦的一生；也有人尝试着走出困境，却因为摒弃不了世俗的眼光，在内心谴责了自己一辈子。这对于人生而言，真是有必要的吗？

我有一个心理咨询师朋友，闲聊的时候说到了一个特别让我惊讶的案例。他告诉我前段时间有个相貌英俊的年轻男子在父母的带领下找到他，要求通过心理干预的方式帮助年轻人放下一段感情。当时他就问："为什么啊？"那对父母直接抢话说："因为他爱上了一个自己不该爱的人，而我们要他爱上的才是最适合他的人。"

我的朋友接着问："感情这种东西，不是很自然的事吗？这个年轻人自己可以做出选择，为什么一定要去干预和影响呢？"这时候那个男青年含着眼泪说："这是我自己愿意的，我应该听父母的话，如果不这样，我会更痛苦。""为什么呢？"我朋友问道。

"他马上要跟我们指定的那个女孩儿结婚了，一个马上要进入婚姻的人，就应该心无旁骛，内心里怎么还能住着别人？"年轻人的母亲说道，"所以我觉得，他有必要进行一下心理治疗，这样未来的婚姻才不至于出现其他问题。"

我朋友对我说："当时我就看那个年轻人表情相当痛苦。但他一直在说的是：'我觉得我应该这么做。''我觉得我心里不应该再有别人了。'"尽管最终我朋友拒绝了这家人，但后来从圈里知道，他们又找了别人。年轻人在经历了数次治疗后，确实发生了意识转变，开始愿意接受这段婚姻。但婚姻持续了不到六个月，他就几次因离婚不成试图轻生。用他自己的话说，他觉得自己被心理治疗欺骗了，这样的婚姻不是自己想要的，这样的人生，也不是自己的人生了。

于是，这个年轻人抱着试试看的想法，又找到了我朋友，他说他已不奢求还能拥有一份美好的感情，但至少他想活得更像他自己。于是我朋友就问他："抛开'我应该'的束缚，你想活成什么样？你最渴望的婚姻是什么样？你觉得当初吸引你的女孩儿，给你带来了怎样的期待和幸福感？如果你们真的走到一起，你觉得生活会是什么样的？"

这几个问题问下来，年轻人泪流满面，他喃喃自语道："倘若早知道自己要回答的问题是这些，也就不会顺应父母的要求，去做那些糟糕的治疗了……"

经过我朋友的耐心治疗，这个年轻人终于可以很好地面对自己了，知道人生中真实的需要，也知道自己最向往的生活是什么样子。

这个世界上太多的"我应该"，不过是他人在你潜意识里画的一个圈，多少人因为内心的"我应该"，活在了别人的期待里，直到有一天老去，回首过去才发现，他们漫长的一生，貌似没有一天是为自己活的。不管生命的下一刻是风雨雷电还是岁月静好，它都是属于我们自己的。而对于内心真实的呼唤，给予有意识的倾听和满足是非常有必要的。所以，与其在诸多的抱歉中挣扎，还不如将所有的"我应该"替换成"我想要"，直面自己的真实需求，不断寻觅属于自己的快意人生吧！

要讨好到什么时候

有这样一个学生让我印象深刻，她长得很漂亮，是典型的讨好型人格，也是一个超敏感的观察者。面对别人提出的请求，她从来都不敢拒绝；每当别人表情出现异样时，她永远都觉得是自己的问题。就这样，她的人际关系深陷在自责和恐惧中，担心失去别人的好感，担心自己不经意的举动会给别人带来糟糕的情绪。每次上课的时候，她总是表现得很有爱心和亲和力，但明眼人一看就知道，这些举动下所隐藏的是她对人际交往的持续的紧张、挣扎和焦虑。

于是有一天我把她叫到办公室，问她："你觉得这样热忱地服务于别人，心里真的快乐吗？""嗯……这难道不是我该做的吗？"女孩儿回答道。"我的意思是说，你做这一切是希望别人因为你而快乐，还是你觉得这样做自己就很快乐？"听到这话，她觉得自己被看穿了，眼泪哗啦啦流下来说："老师，你不知道，我从小到大都感觉活得好不容易，一直在看别人的脸色，迎合别人的需要，因为我知道，如果不这么做，我就会失去他们。""这个世界上很多失去都是在所难免的，倘若他们一开始就不在意你，即便你把一切掏出来，他们也一样会走。"我看着她的眼睛说，"难不成到时候你也要因此责备自己？"

"那我到底该怎么办？老师，其实我也不喜欢自己这个样子……"她流着眼泪说。"那不如我们一起来做个游戏吧！你按照我的思路，一路整理下去，看看后面会发生什么。"我拿出一张纸，一边写一边对她说，"你现在，总是迫切地讨好别人，害怕别人不高兴，害怕会失去对方。但是当你遇到 A、B、C、D 四种不同人格的人时，他们的反馈可能跟你想的截然不同。"我在纸上写了好一会儿，之后递给她。

看完了这几种人格类型的反馈，她的脸色瞬间惨白，半天说不出话来。这时我对她说："其实我还没写完，除了这四种还有 E、F、G……呢！想想吧，这样一路讨好下去，除了显示你的脆弱，还能有什么收获吗？"

"我不想这样，我不想成为别人眼中的受气包和软柿子！"她想了半天鼓起勇气说道，"但我应该怎么做呢？""很简单，做你自己！"我说道，"真实地表达你自己的意愿，成为一个敢于表现、敢于被讨厌的人。""这样……这样不好吧！"她犹豫地说，"会不会很不礼貌？""礼貌是要讲的，自己也是要做的。这两者之间没有什么特别的冲突。"我对她说，"做个实验，向一个从来不敢得罪的人表达自己的真实意愿，看看接下来会发生什么。""那如果结果不好呢？"她有些纠结地问道。"结果怎样不重要，重要的是你要找到那一瞬间的感觉。"

她听了以后坚定地点点头走出了门。三天后，她打来电话，说自己换工作了。"发生什么了？"我问道。"我对着我上家公司的老板大声地提出反对意见，搞得他暴跳如雷，随后甩出一句话：'愿意干就干，不愿意干就走。'结果我屏住呼吸，大声告诉他：'如果不能按照我的设计路线进行，这活儿不干也罢。'您知道当时他的表情有多奇怪吗？说真的，看着他拧巴到抽筋的样子，心里就一个字：'爽'！未来的路很长，终于没必要再讨好别人了。"

如今的社会很有包容性，每个人都有机会按照自己的方式规划人生。唯有遵从自己的意愿，让别人了解你真实的想法和需要，才有可能在属于自己的路上，更好地成就自己！

要学会释怀与前行

在你的人生旅途中，有多少失去在心中成了永恒的遗憾，又有多少得到能够让你多年以后依然觉得新鲜、美好、酣畅淋漓？在我的咨询生涯中，很多人坦言，得到的美好，总是转瞬即逝，不到两天的工夫自己就会恢复常态。但若是论失去，说不定是永远都了结不了的痛，每当旧事提起时，那种难以掩盖的悔恨和伤感，就会一次一次地包围自己。

我经常对别人说："人活一世，选择全在自己。得到是一种选择，失去也都源于自己。尽管在生命的长河中，我们很难回头，单选题里选了一个就放弃了其他，但若是我们能够在做出选择的时候，提前演练好未来可能经历的绝望，说不定后续的一切，就会朝着最适合自己的方向发展。这不是个人选择的问题，而是一个人从认知观念上的彻底觉醒。"

记得以前母亲跟我说："谈恋爱的时候，不用看他的优点，就看他的缺点自己是不是能受得了。优点始终是优点，是你未来可以享受的财富，但是缺点，就意味着你未来的失去，如若这种失去实在忍受不了，那就不要勉强了。"其实就失去而言，很多人之所以会那么悔、那么痛，主要在于它意味着更多的可能性，意味着一种比现在还要好的选择。但是这种可能和选择自己再也得不到了，当年的人、当年的事，永远都回不去了。

那么究竟怎么做才不至于在有限的生命中，深陷无法挽回的失去和痛苦中呢？其实，方法也很简单，在面对多种选择之前，不如将每一个选项细心研究一番，看看什么样的失去自己可以接受，什么样的得到是与错失的一切无法相提并论的。

举个例子，当下的你二十多岁，想要做的事情很多，可能性也很多，眼前摆着好几份不同的工作，身边有几位追求者，你随时可以给账户里的钱寻觅各种各样的好去处，也可以随意支配自己的时间，做很多自己想做的事情。但是这样的光阴肯定有限啊，人早晚要经历生老病死，体力脑力迟早都会有不支的时候，若不在大好的光阴中做出选择，未来将悔之晚矣！那怎么办呢？

首先给自己做个梳理。

1. 你最欣赏什么样的生活？

2. 这种生活的状态是什么样的？

3. 你要为这种生活付出的代价是什么？

4. 你觉得什么样的伴侣最适合和你一起过这样的生活？

5. 什么样的理财方式最适合你？

6. 如果没过上这种生活，今后的你会不会后悔？

7. 生活中没有完成什么事，会令你终身遗憾？

……

这样一个个问题问下去，思路就会变得清晰起来，这时候你会意识到：

"哦，别人心中理想的生活未必都和我一样，我喜欢的生活是那样的。所以我要有针对性地优化我的生活了。"

"哦，想要过上这样的生活，必然会失去一些东西，但是我觉得这种失去是值得的，是可以接受的。"

"哦，这个姑娘虽然很漂亮，但不适合跟我过我想过的日子！"

"哦，其实想过安稳日子也不难，只需要降低自己的理财风险就好啦。"

"哦，若是此生没有过上自己想过的生活，生而为人还有什么意思？"

"哦，我是应该列个清单，在自己想要的生活中，完成自己最想完成的夙愿！"

这样一来，大脑思路清晰了，内心踏踏实实，今后自己想成为什么样子，会成为什么样子，全部清清楚楚，终于不再害怕失去，也知道生命终将经历哪些失去。你能够冷静地面对生命中所有的失去，理智地接受这些失去所带来的后果，生命中的每一天就会变得真实可信。你终于可以认认真真地经营自己的日子，珍惜生活中的每一个选择。当光阴过去，回首往事时，若能宛然一笑，无悔经历，那么毫无疑问，你已成功缔造了一段属于自己的美好人生了。

第十一章

向前一步：
每天坚持一小步，就是改变自我的终
极力量

自律真的有那么难吗?

"哎呀! 不知道为什么, 我总是管不住自己, 明明说好要自律, 但怎么也坚持不下来。老师, 像我这样的人, 可怎么办? "一个学员感慨地说, "明明说好减肥成功后才能买衣服, 结果一刷淘宝便买了一大堆。明明说要控制自己的食欲, 结果看到网上热卖的小零食, 就忍不住地又买又吃。明明说好要早睡早起, 结果回到家便抱着手机刷到半夜。我看我是没救了, 怎么办? "

听了她的话, 我沉默了很久, 问道: "你是不是真的想自律? ""当然想啦, 自律的人生就是更完美的人生啊! "她睁大眼说道。"你先把自律的这个想法坚持下去吧! "我说, "对自己说'我要做一个自律的人', 将这句话每天都说上十遍, 风雨无阻, 雷打不动, 只要能做到, 就不会断绝你对自律的信心。""这听起来倒不难。"学员说道, "不就是每天告诉自己, 要坚持嘛! "

于是, 这次谈话后, 学员便开始按照我的方法去做, 起初觉得自己好傻，每天竟要对自己说这样的话，但当自律在她的信念中扎下根时，令人瞠目的改变就接二连三地发生了。她告诉我："当我将那句话说到大概五百多遍的时候，就发现自己对零食的欲望没有那么强烈了，购买衣服的迫切冲动也能自我控制了。这时我便开始下意识地早睡早起，结果起床这件事也能很容易做到了。老师你这句话有什么魔法，让我从一个自由散漫的家伙，一步步升级成了自律达人？"

"哪有那么神秘！"我摇摇头说，"它不过是为你打开了一扇自律的窗，房间太大不好打扫，但每天坚持把窗台擦一擦，压力就没那么大了。当你将这件小事化作每天的习惯时，就会本能地想要扩大整洁的范围。于是，距离窗台最近的床头柜，每天变得干净了，床头柜旁边的床铺也整齐了，当一件小事发挥出由点到面的强大功力时，那个自由散漫、凌乱不堪的自己，也就随着房子的焕然一新而消失不见了。"

自律有多难？很多人说很难。但在我看来，说难的人并不是因为懒，而是没有找到持续坚持下去的方法。古人云："不积跬步，无以至千里。不积小流，无以成江海。"跑不了三千米，就先跑一百米；每天一百米坚持一段时间，适应以后自然就想要多跑一些。如此循序渐进，今天的一小步，就是明天的一大步。自律是一个不断改进坚持的过程，别想着今天刚发愿，明天就能立马达成。

世间种种的创意，起初就是存在于某人脑海中的一个念头。有些人想过就算了，而有些人却坚持着每天将它想成百上千次，这样自律地思考，从起初的一秒，上升到每天几十秒，又从几十秒，上升到每天几小时。这样的思考便渐渐成为生活中不可或缺的部分，不是在亲身实践，就是走在了实践的路上。这种自律难养成吗？一点都不难。只要每天坚持，再在适应的前提下，比之前的坚持再坚持得久一点，就完全可以载着伟大的愿景和梦想，踏上任意一条成功之路。

想做什么就勇敢地去做吧。让所有的可能，从每天短短的一分钟开始，日复一日，在坚持的过程中收获意义，你就会发现，把自己锻炼成一个自律的人，真的一点也不难。

"耐力长跑"还是"百米冲刺"

所有人都知道成功不是一蹴而就的，可没有人用百米冲刺的劲头去完成长线工程，就好像偌大的一件事，明天就可以全部完成似的，结果时间一拉长，自己后劲儿没了。但为什么有些团队领导人加班几个星期，仍然跟打了"鸡血"一样呢？

我认为，人与人之间确实存在体能差异，但好身体也是可以练就的。常在健身房看到那些"撸铁"成瘾者，练什么都要高难度动作，每一块肌肉都要练得坚实漂亮，每当有人问"这得花费多少力气啊？"时，他们就会告诉你："搞不定自己，就是对外界最大的轻敌。"

曾经的我身体也不好，清晨恋床，晚上夜游，极其不爱锻炼身体。结果时间一长，就特别容易疲惫，尤其是中午吃完饭，很长时间都找不回状态。

为了能更好地工作，为了能保持年轻，为了能保持旺盛的生命力，我开始了属于自己的健身征程。刚开始的时候，我感觉到了坚持一件事的痛苦，小跑三十分钟，就累得气喘吁吁。但是过了几个星期，状态就有了很大的改观，最明显的感觉就是整个人变得更有朝气了，心情也格外爽朗，思维也变得敏捷起来。再到后来，我也渐渐习惯了锻炼，甚至一天不锻炼自己就觉得全身不自在。

每天站在讲台上，本就是一件耗费能量的事，但是自打开始持续性锻炼，我的状态就变得截然不同了。以至于很多学员都对我说："老师啊，要不是因为你的激情，换作别人，这么长的时间我早睡着了。"

其实持续性锻炼还可以用在人生的各个方面。若是想在一件事上取得长远的成功，就要在征程上全心投入，在投入中细心探索。这种努力肯定都是长期的，都是需要持续的斗志和生机的。你需要带着强烈的好奇心，一次次地去尝试，一次次地去实践和磨炼，既不会对速成报以期待，也不为效率而过分着急。在不断寻求答案的过程中，你会下意识地锻炼所要用到的每一块思维肌肉，也会不断地调理好自己的身体。

先从可控的小事做起

好多人问我："老师，改变实在太难了，坚持不下去可怎么办啊？"我就告诉他们："再浩瀚的工程，也是从第一块砖开始的，即便今天没有成就，至少也得把第一块砖摆在前方放好，这样才会有第二块、第三块砖，倘若这样的小事也不情愿做，就别怪老天爷不给你机会了。"

曾经有个学生说自己太胖想要减肥，但是因为基数太大，没减几天就放弃了。于是我就问她："你都是怎么减的啊？"她一边抹眼泪一边说："我在健身房开合跳十分钟就累得喘不过气了，那种感觉实在太痛苦了。再加上别人异样的眼光，让我再也受不了了。""然后呢？"我继续问。"然后……然后回家我又给自己加了个鸡腿，烦恼才烟消云散。"她低着头不好意思地说。听了这话，我沉默了半晌说道："之所以减不下来，是因为计划出了问题。这样吧！你按照我的规划试试，看看会不会有明显改善。""那怎么做呢，老师？"她抬起头很是期待地问。

"你呢，每天去健身房，就慢走五分钟，如果觉得可以适应，就再走五分钟，一天练足十五分钟就是胜利。等一切适应了，再逐渐往上加时长。回家吃饭呢，就按平常的食量，只是每次比以前少盛一勺米，这样坚持一个星期，如果觉得可以承受，就再减一勺。这样要比你直接练开合跳容易多了。"

"这么小的改变能解决什么问题啊？"她有些失望地说，"到时候还是减不下来的。""但如果你能坚持，便是迈出了成功的第一步，别急，按照我说的去做吧。"于是从那天开始，她按照我的规划，一步步地去做，三个月以后，食量就降了一半，也可以小跑半小时了。于是我问她："整个过程有什么不良感受吗？""什么不良感受也没有。"她很确定地说，"感觉一切都是自然而然的。不过老师，你这招还真是神了。"

在我们的人生中，大多数的时间都是在和一系列的小事做斗争，若是能够把这些小事分割成更小的单位，摒弃其中的情绪和内心的冲突，就会发现，成功并不是件多困难的事。

但我想说的是，你有没有在此刻尝试着进行些微小的改变，哪怕就是一个小小的动作，都可以从根本上缓解你的伤痛。

曾经有个高层管理者坦言："训练接班人其实并不容易，所以我经常会把无数烫手的山芋扔给自己最看好的人，然后偷偷地看着他们抓狂，看着他们不知所措，看着他们黯然神伤。但是，真正优秀的人，早晚会迈出第一步，随后他便能从行动找到乐趣，让所有的细节愈加完美。他们交上的作业难免会有瑕疵，但毫无疑问，这仍是诸多作业中最好的一份。"

所以，不论何时，请用小小的改变调适心情。安静地坐在桌前，认真地拿出纸张和笔，聚精会神地书写，让一切在最舒服的状态下开始，让每一个细节在一点一点的成长中持续、恒久……

找件可坚持的事先练练手吧

曾经有学生问我："老师我做事持久性差怎么办？"我就问他："后面有老虎追你时，你为什么本能地会跑，而不是跳？吃饭的时候为什么用嘴不用眼？这就是你形成惯性后的持久性选择，小小的细节，让你一用就是一辈子，又有什么事情是坚持不下来的？""那是两码事，我对自己已经没有信心了。"于是我对他说："你平时最喜欢干什么啊？""打游戏啊！"他说。"那好，每天不管多忙坐在电脑前打半小时的游戏，这不难吧！""不难，不难，很好坚持。"他信誓旦旦地说。

过了几个星期，我问他说："游戏打得怎么样啊？""坚持了，没什么难度。"他嬉笑着说，"那下一步呢？""下一步，把打半小时的游戏改成看半小时有内容有见地的视频，这也不难坚持吧？"我问道。"倒也不是不可以。"他搔搔头说。过了几个星期，他告诉我："老师我已经成功把玩游戏改成看视频了。""嗯，很好，现在把你看过视频里好的东西总结在微博上，可以的话再写几句感想，每天坚持十五分钟。不算难吧！""不算，不算，发微博很有意思的。"他满口答应道。又过了几个星期，他将自己在微博上的成果给我看，我瞥了一眼说："还是得多学点东西。这样你每天针对视频的内容，看看相关的文章，每天多花半小时，不难坚持吧？""好嘞。"他一口答应下来，坚持了几个星期，都没有问题。于是我又对他说："这些内容的深度是有限的，不如看本书吧，每天坚持一小时，然后把以前的视频时间改成实打实的课程，应该难度也不会太大吧！""应该也不会是个问题吧。"他点点头说道。一个月过去，他给我发了一条信息，说自己爱上了阅读，一天不看书，就觉得浑身不舒服，终于有一件事是自己特爱干、特有意义，还特别想坚持的了。

这个世界上有很多事需要我们坚持，但一说到坚持，人们多少会有点畏难情绪。越是在这个时候，越是要找一件最容易坚持下来的事情帮自己找找感觉。虽然技能的学习常常面临时间不够的问题，但每天分给它一小时，应该也没什么太大的难度。虽然跑步十公里一听就很累，但每天雷打不动地坚持十分钟慢跑，其他几公里都是步行，其实也没什么大不了。如此一来，生命中的某一件事就会渐渐成为你的习惯，而习惯最好的作用就是，它易于坚持，能够在体验成就感的同时，帮助你从中找到乐趣。

曾有一位老友对我说："起初的改变不过是件漫不经心的小事，坚持到现在带给我的是成果斐然。因为有了这份成就感，便有了后续更多的开始，如今我每一天的时间安排都很固定，每一件必须坚持的事情都可以很自然地坚持。这无疑强化了我的信心，世间再没有事情是自己通过耐力解决不了的。"

所以，别总对着难题望洋兴叹，找一件可以坚持的小事先开始，说不定因着这一举动，会上演一出人生蜕变的传奇、一个专属于你的英雄故事。

第十二章

注重心理：
世间瞬息万变，立功、立德，
都不如立颗金刚心

带着情绪倾听，听到的只能是情绪

　　人是一种非常容易被情绪左右的动物，以至于彼此沟通的时候，首先感应到的就是对方的情绪。如果互动的时候，情绪平和，状态平稳，解决问题的效率自不必说。但倘若对方的情绪差强人意，你就很可能会受到影响，不自觉地也跟着焦虑、愤怒、忧伤起来。

　　那么究竟应该怎样解决这个问题呢？如果遇到有激烈情绪反应的人，我们又该怎样与对方共事呢？其实方法很简单，无外乎两点：第一，解决自身的情绪问题；第二，认真倾听对方情绪以外迫切想要解决的问题。下面就让我们针对这两个重点，一步步地优化行动，看看怎么做才是面对场景的最佳选择。

　　第一，解决自身的情绪问题。

　　面对一个情绪发作的人，自身的情绪开关很可能会被迅速打开。我们会本能地愤怒或共情，把对方情绪的一部分变成自己的一部分。这时候，就需要我们先体察自己，一旦意识到自己已经开始被对方的情绪传染，就要下意识地把自己身上的情绪开关关掉，让自己的情绪快速地得到净化和处理。

第二，认真倾听对方情绪以外迫切想要解决的问题。

很多人在表达的时候总是过分情绪化，说了半天，你根本不知道他想表达的重点是什么，因为两个人从一开始就没有把核心建立在重点问题上，这种一味解读情绪的互动就变成了无效行为。此时最好的方法就是用心地倾听对方情绪后面的根本原因，看看他真正想要解决的问题是什么。

比如有人上来就发脾气说："你们公司怎么这样，一点都不体恤客户，退货流程搞得那么烦琐，耽误了我一天的时间，你们这种拖延客户时间的行为就是无耻……"这样长篇大论，其实大部分的内容都是情绪。但如果此时的你不去解读情绪，而是专注地去寻找他情绪背后想要解决的根本问题，就能快速摆脱情绪的困扰，更轻松地处理眼下需要处理的事情。

这时候你可以说："我知道您现在一定特别着急，因为退货流程的原因给您带来了很多麻烦。也许我们公司的流程确实有问题，但不管怎样我都会尽快帮您处理。"这样一来，对方想陈述的问题得到了更精确的诠释，其内在情绪也会因为你对他的理解而获得本质的消解，因为他的诉求你听懂了，他的问题得到了重视。

这个世界上，最糊涂的应对策略就是在别人发泄情绪的时候，你也用情绪回应。所以，不管你是情绪发作者，还是那个倾听别人情绪发作的人，调节自我状态和优化倾听策略，都是我们面对生活绝对不能忽略的必修课！

多元化看待自己的"庐山真面目"

"他们说我是一个糟糕的、孤僻的、不食人间烟火的冷漠分子，但其实我觉得我不是。""有人说我是一个张扬爱表现的人，但我觉得自己还挺有魅力的。""他们说我这辈子没希望了，粗心大意，不注重细节，在社会上永远是最吃不开的一个。""我爸妈说我这辈子嫁不出去了，手笨，还不爱做家务，这样的女人不会有男人喜欢"……

其实别人的声音多半跟你没什么关系，除非你压根不知道自己是一个什么样的人，对自己的人生没有一个客观的评价，才会一再地迎合别人，一次次地在迎合中败下阵来，一次次地重复着"我不行"。

那么究竟该怎么解决这个问题呢？其实方法很简单，那就是自己先把自己看清楚。当一个人真的成为了解自己、接受自己、喜欢自己的人时，即便外面的世界再复杂，他的内心依然会如湖水一般平静，只关注那些必要的事情。

这时你可能要问："老师，怎么做才能看清自己呢？"其实方法有很多，前提是你一定要有想看清自己的意愿。比如，可以借助一些国际公认的、精准度高的心理测试、性格测试、职业取向测试等，你就能够初步了解自己的性格、真实的心理年龄、内在健康指数、适合什么样的职业、情绪性格短板、可以朝着哪些方向努力……

除此之外，你还可以拿出时间用心地观察自己，观察自己面对每一件事的反应，是习惯拖延，还是完美主义，胆怯的话在胆怯什么，焦虑的话在焦虑什么，为什么在该前进的时候选择退缩，面对无理的挑衅为什么不站出来维护自己的权益……

随后，你就可以在逐条地对自己的状态进行精准的分析，问问自己，为什么会这么做？为什么会为某些不必要的事情担心？为什么会在生命的某个瞬间沮丧？自己的斗志源头在哪里，努力的意义何在？短板有没有更有效率的解决策略……

这样一来你就能够知道什么是自己想要的生活，知道怎样才能获得这种生活，知道自己所要克服的困难和艰辛有哪些，你会意识到无价值的接受只是在浪费时间，从而找到规避它们的路径，将更多的时间花在自己最想要的生活上。此时，你便开始接近真实的自己了，接近真实的需要，接受缺陷，也接住了所有的美好。

就这样，说不定有一天你就养成了多维度看自己的能力，从看山是山，看水是水，到看山不是山，看水不是水，再到看山还是山，看水还是水。没有人比你更适合成为自己，成为那个看清自己"庐山真面目"的人。

后记

在这本书的尾声，我想再次强调一个核心观点：认知，是我们人生旅程中不可或缺的指南针。它不仅关乎我们如何看待世界，更决定我们如何与世界互动、如何把握机遇、如何创造财富。

认知差，这个看似简单的概念，实则蕴含着深刻的智慧。它揭示了人与人在理解世界、判断事物上的根本差异。这种差异，往往决定我们不同的选择，进而影响我们的人生轨迹。

之所以写作本书，就是因为看到了身边有太多因认知而吃亏的朋友，他们不断问我："为什么我这么努力，却无法取得成功？""为什么有的人获得成就如此容易，而轮到自己却总是吃力不讨好？"其实问题往往不在于你不够努力，也不在于你不具备相应的能力，而是你看待问题的角度和认知出现了偏差。

尽管在人生的征程上，每个人的经历不同，但选择最佳的策略和态度，却能助力我们在十字路口做出正确的决策，在最好的契机下做出转变。当他人迷茫时我们觉醒，当他人混沌时我们清晰，我们就可以最大限度地少走不必要的弯路，这就等同于走上了成功的捷径。摒弃琐碎的负累，才能轻松行动，抛开一切杂念，才能直达目的，实现心中梦想。

在这里，祝愿大家能够在阅读的过程中颠覆认知，走好生命进程中的每一步。同时也感谢与大家以书结缘的经历，让我们得以在文字的交流中共同成长，这应该是一个美好的开始，也是生命如花般绽放的微妙缘起。愿我们就这样以书为媒介相识，一路相伴，共赴前程。

回首过去，我们或许曾因为认知的局限而错失了一些重要的机会，或许曾因为对世界的误解而做出了错误的决策。但正是这些经历，让我们更加深刻地认识到认知的重要性。它不仅是知识的积累，更是思维的升华，是我们在复杂世界中保持清醒和敏锐的关键。

我们生活在一个充满变革的时代。技术的飞速发展、信息的爆炸式增长，都对我们的认知能力提出了更高的要求。只有不断提升自己的认知，我们才能更好地适应时代的变化，把握未来的机遇。

这本书，正是我对认知差的一次深入探索和思考。我希望通过它，能够激发读者对认知的重视，引导大家去深入思考、去拓宽视野、去提升自我。因为，我深信，认知的力量是无穷的，它不仅能够改变我们的思维方式，更能够引领我们走向更加美好的未来。

最后，我想对每一位读者说：请重视你的认知，它是你未来幸福的源泉。让我们一起努力，不断提升自己的认知水平，用智慧去创造更加美好的人生。

凌发明

2024.5.1 于北京